엄마의
행복어 사전

엄마의 행복어 사전

2018년 7월 18일 1판 1쇄 인쇄
2018년 7월 25일 1판 1쇄 발행

지은이 | 윤연희
펴낸이 | 이병일
펴낸곳 | 더메이커
전　화 | 031-973-8302
팩　스 | 0504-178-8302
이메일 | tmakerpub@hanmail.net
등　록 | 제 2015-000148호(2015년 7월 15일)

ISBN | 979-11- 87809-24-1 (03590)
ⓒ 윤연희, 2018

이 도서의 국립중앙도서관 출판예정도서목록(CIP)은 서지정보유통지원시스템 홈페이지(http://seoji.nl.go.kr)와 국가자료공동목록시스템(http://www.nl.go.kr/kolisnet)에서 이용하실 수 있습니다. (CIP제어번호 : CIP2018021085)

25년차 유치원 원장이 들려주는
엄마와 아이가 행복해지는 소통과 공감의 말

엄마의
행복어 사전

윤연희 지음

더메이커

"지금, 엄마와 아이는 소통과 공감이 필요해"

실내화를 손에 든 채 서 있는 준성이의 모습이 눈에 들어왔다. 또 무슨 장난을 치려는 걸까. 갑자기 준성이가 혀를 쏙 내밀더니 실내화 바닥을 핥았다. 깜짝 놀라 준성이의 행동을 막았다.

"준성아, 실내화 더럽잖아."

"알아요."

"알면서 혀로 핥으면 어떡해?"

"이래야 친구들이 재미있다며 쳐다봐요."

"준성이는 친구들을 재미있게 해주고 싶은가 보구나?"

"친구들은 나랑 안 놀아요. 내가 이렇게 하면 친구들이 웃어요."

준성이가 안쓰러웠다. 눈물이 쏟아지려고 해 준성이를 똑바로 바라보기 힘들었다. 준성이는 친구들과 간절히 놀고 싶었지만, 다가가는 방법을 몰랐다. 그래서 겨우 생각해낸 방법이 실내화 바닥 핥기였다. 그렇게 해서라도 친구들과 어울리고 싶은 거였다.

준성이는 일곱 살이다. 아이들 사이에서 개구쟁이, 말썽쟁이로 통한다. 아이들은 어떤 문제가 생기면 곧바로 준성이 탓으로 생각한다. 교실의 장난감이 망가졌을 때, "누가 그랬지?"라고 선생님이 물으면 아이들은 망설임 없이 "준성이가 그랬을 거예요."라고 대답한다. 우는 아이가 있으면 준성이가 때렸을 것으로 생각한다. 준성이가 등원하기 전인데도 말이다.

왜 아이들은 준성이를 못마땅하게 여길까. 준성이는 또래보다 덩치가 크고, 목소리가 우렁차다. 몸짓도 유난스레 활기차다. 그래서 휘휘 내두른 팔에 친구가 얻어맞아 다치는 일이 종종 있다. 또한, 주위의 상황을 살피지 않은 채 행동할 때가 많다. 친구들이 무리를 지어 놀고 있을 때 마구 끼어들어 놀이를 망쳐놓기 일쑤다.

그렇지만 준성이는 제멋대로에다가 자기밖에 모르는 아이는 결코 아니다. 활기차고 동작이 클 뿐, 일부러 친구를 때리려고 한 적은 없다. 준성이는 오히려 여리고 고운 마음을 지니고 있다. 친구가 다치면 눈물을 글썽이며 안타까워한다. 친구들의 놀이 또한 방해하려고 끼어드는 것은 아니다. 어울리는 방법을 모를 뿐이다.

아이들의 성향은 모두 다르다. 타고난 기질이 다르고, 저마다의 가정환경 속에서 성장했기에 똑같은 아이는 한 명도 없다. 성격, 사고의 수준, 놀이의 취향까지 제각각이다. 친구에게 다가가는 기술 역시 다르다.

친구를 사귀는 능력, 즉 사회성은 유치원에서 친구들과 함께 있다고 저절로 길러지지 않는다. 아이는 나름의 경험을 통해 시행착오를 겪으며 사회성을 기른다. 따라서 아이를 둘러싼 모든 환경이 사회성을 기르는 교육 현장인 셈이다. 아이의 사회성은 가정과 유치원 어느 한쪽만의 노력으로 길러지지 않는다. 가정과 유치원 사이의 긴밀한 협력과 노력이 필요하다.

준성이 어머니에게 연락을 취했다. 상담을 통해 준성이의 사회성 결여를 알렸다. 준성이 어머니는 심각하게 받아들이지 않았다. 단순히 어린 탓으로 여겼다. 굳이 신경 쓰지 않아도 나이 들면서 저절로 사회성이 키워진다고 믿는 것 같았다.

아리스토텔레스는 '인간은 사회적 동물이다'라고 정의했다. 그렇다. 누구도 혼자서는 살 수 없다. 어떤 식으로든 더불어 살아야 한다.

인간은 가정에서 부모와 최초로 사회적 관계를 맺는다. 아이는 가정이라는 울타리 안에서 부모의 무조건적 사랑과 관심을 받으며 사회성을 익힌다. 그리고 성장하면서 조금씩 가정을 벗어나 세상과 마주하게 된다. 그러나 세상에는 아이가 맛보았던 무조건적 사랑과 관심이 없다.

세상은 아이에게 부모처럼 알아서 다가오지도, 아이 편에 맞춰 문제를 해결해주지도 않는다. 그러므로 내가 먼저 다가가 손을 내밀어야 하고, 다른 사람에게 맞추려 노력해야 한다. 이러한 과정은 아이에게 크나큰 시련이다. 이 어려운 일을 어찌 아무런 가르침 없이 배우겠는가. 부모든 선생님이든 끊임없이 방법을 알려주어야 한다.

세상에 나아가 관계를 맺는데 가장 효율적인 방법은 대화다. 물론, 서로가 잘 통하는 효과적인 대화이어야 한다. 효과적인 대화는 인간관계에서 발생하는 대부분 문제를 해결한다. 이처럼 효과적인 대화의 힘은 엄청나다.

나는 25년이 넘는 시간 동안 유치원에서 희로애락을 경험했다. 유치원에 처음 발을 내디딜 때는 욕심이 많았다. 잘 가르치고, 명성을 높이고자 많이 노력했다. 매일 아침 아이들을 맞이하며 꼼꼼히 관찰했다. 도움이 필요한 아이는 부모와 상담했다. 상담을 통해 자녀에 대한 이해도를 높이는 데 도움을 주었다.

대학에서 강의하며 유아교육 이론 연구도 게을리하지 않았다. 여기에 현장 경험을 접목하여 아이들의 행동을 연구하게 되었다. 연구 결과, 부모는 아이와의 효과적인 대화만으로도 아이가 올바른 길로 성장하는 데 도움을 줄 수 있다는 것을 알게 되었다.

효과적인 대화는 나의 의도가 상대에게 잘 전달되는 것을 말한다. 그렇지만 내 입장만 전달해서는 안 된다. 결정하는 것은 상대방이기 때문이다. 따라서 대화가 효과적으로 이루어지기 위해서는 상대의 입장을 기준으로 말해야 한다. 그래야 상대가 내 의도를 오해하지 않고 잘 받아들인다.

효과적인 대화. 그러나 말처럼 쉽지 않다. 오랜 시간 동안 직간접적인 경험을 통해 대화 능력을 길러온 어른도 때때로 상대와 의견이 맞지 않아 갈등을 빚는다. 하물며 사회적 경험이 거의 없는 아이들은 어떻겠는가. 효과적인 대화를 하기 위해서는 내 생각과 감정을 조절하여 상대방이 듣고 이해할 수 있는 대화법을 습득해야 한다.

그럼 아이는 어떻게 이런 대화법을 습득할 수 있을까? 그것은 부모와의 대화를 통해서이다. 그러므로 부모는 아이와 대화할 때, 아이가 듣고 이해할 수 있는 말과 감정으로 부모의 의도를 전해야 한다. 아이는 그 모습을 모델 삼아 자신의 대화법을 익히기 때문이다.

"내가 배워야 할 모든 것은 유치원에서 배웠다."라는 말이 있다.

이 말은 유치원 시기 교육의 중요함을 의미한다. 여기서 말하는 교육은 단순한 지식전달을 의미하는 것이 아니다. 가정의 울타리를 벗어나 세상에서 겪는 어려움을 이겨내는 힘을 길러주는 것을 말한다. 이 힘의 원천은 효과적인 대화법에 있다.

　이 책은 부모와 아이를 위한 대화법에 초점을 맞추고 있다. 이를 위해 필자는 교육현장에서 보고 느낀 점을 진솔하게 담고자 노력했다. 이 책을 읽는 부모들이 우리 아이들이 겪는 어려움과 아픔에 공감하길 바라서다.

　이 책은 아이들이 겪는 어려움과 아픔의 원인을 찾는 방법과 해결책을 제시하고 있다. 부디 이 책이 미래의 주인공인 우리 아이를 바르게 키우기 위해 분투하는 부모에게 조금이나마 도움이 되기를 소망한다.

잘 크면 엄마 덕,
못 크면 아이 탓

다양한 기질의 아이들
아이를 잘 키우고 싶으나 현실은 갈팡질팡
어떻게 잘 키울 수 있을까?
자녀교육은 부모하기 나름
아이를 잘 키운다는 것

부모의 대응 방법이 왜 중요할까?

많은 부모가 아이의 잘못된 행동을 아이 탓으로 돌린다.

그리고 무서운 훈육 방법으로 해결하려 한다.

이렇게 하면, 아이의 문제 행동을 고치기는커녕

부모자식간의 관계만 틀어진다.

다양한 기질의 아이들

　유치원 입학 첫날은 대부분의 교사가 긴장한다. 어떤 아이들과 1년을 보낼지 기대도 크지만, 긴장되는 마음이 더 크다.

　입학 첫날, 아이들의 모습은 제각각이다. 넉살 좋게 처음 보는 선생님들에게 아는 척을 하며 등원하는 아이도 있지만, 울음을 터트리며 엄마에게서 떨어지지 않으려는 아이도 있다.

　민주는 후자에 속하는 아이다. 울고불고 손을 부르르 떨며 엄마의 옷자락을 놓지 않으려 안간힘을 쓴다. 나는 서럽게 우는 아이를 엄마와 떼어놓고 엄마에게 얼른 가라고 손짓한다.

　민주 정도면 양반이다. 발버둥을 치는 아이를 안아주다가 주먹으로 얼굴을 한 대 맞기도 하고, 아이의 등을 토닥이며 괜찮다고 쓰다듬다가 머리채를 잡히기도 한다. 그뿐인가? 뒤로 넘어가는 아이의 머리에 맞아 입술이 터지기도 한다. 하지만 1주일 정도 지나면, 아이들은 언제 그랬냐는 듯이 웃으며 등원한다.

유치원 앞에서 엄마와 헤어지는 모습뿐만 아니라, 유치원 안에서의 모습도 마찬가지다. 가정과 다른 유치원의 새로운 환경을 신기해하며 여기저기 살피느라 부산스러운 아이, 하나부터 열까지 선생님께 확인받으려는 조심스러운 아이, 조금만 속상하면 교실이 떠나가도록 목청껏 우는 아이, 속상하면 구석에 가서 선생님도 모르게 우는 아이 등등, 똑같은 반응을 보이는 아이는 하나도 없다. 모두 타고난 기질이 다르기 때문이다. 그런데 부모는 내 아이가 다른 아이와 다르다며 걱정한다.

이런 부모들에게 철학자 루소(Rousseau)의 교육학 저서 《에밀》에 나온 말을 소개해주고 싶다.

"한 어미에서 태어난 강아지들이 같은 곳에서, 같은 교육을 받아도 그 결과는 천차만별이다. 어떤 강아지는 똑똑하고 예민하지만, 어떤 강아지는 멍청하고 둔하다. 타고난 성질이 다르기 때문이다."

첫째마당

아이를 잘 키우고 싶으나
현실은 갈팡질팡!

　　인성이 바른 아이, 창의적인 아이, 똑똑한 아이, 사회성이 좋은 아이. 모든 부모가 바라는 아이의 모습이다. 그런데 어떻게 해야 그런 사람으로 자라게 할 수 있는지는 잘 모른다.

　　여기서 페스탈로치(Pestalozzi)가 예로 든 우화를 살펴보자.

　　"쌍둥이 망아지 두 마리가 각각 농부와 똑똑한 사람에게 보내져 자랐다. 먼저 찢어지게 가난한 농부에게 보내진 망아지는 어릴 때부터 돈벌이에 이용되어 결국 보잘것없는 마바리가 되었다. 반면에 똑똑한 사람에게 보내진 망아지는 주인의 정성 어린 보살핌 덕분에 천 리를 내달리는 명마가 되었다."

　　교육 환경과 부모의 역할을 강조하기 위한 우화이다. 우화의 망아지들처럼 교육 환경과 부모의 역할에 따라 자녀는 전혀 다른 모습으로 성장하게 된다. 과연 나는 부모로서 해야 할 역할을 잘 하고 있을까? 똑똑한 부모에 가깝다고 자부할 수 있을까?

　　나는 직업 특성상 다양한 아이와 부모를 만난다. 아이들은 생김새가 다른 만큼 기질도 다르다. 부모 또한 그렇다. 부모의 기질에 따라 자녀교육에 대한 관심, 교육 방향, 교육 방법이 다르다. 이 때문에

'자녀를 잘 키우고 싶은 마음'은 모두 같아도, 결과는 다르게 나타난다.

대부분 부모는 자녀교육에 대한 확신 없이 아이를 대한다. 그러다 보니 때로는 강압적으로, 때로는 방관하는 등 그때그때 다른 기준을 내세운다. 부모가 확신이 없으면 아이 또한 이리저리 흔들리게 된다. 그런데도 부모는 자녀교육을 위한 부모의 역할이 무엇인지 배우고 익히기보다는 남의 손에 맡기는 길을 택한다. 그편이 쉽고 편하기 때문이다. 영어를 못 하면 영어 학원에, 체력이 약하면 태권도 학원에, 그림을 못 그리면 미술학원에, 음악을 못하면 음악학원에 보낸다. 아이의 교육은 학원에 맡기고 부모는 스케줄 관리만 하는 것이다.

하지만 다양한 특성을 나타내는 아이들 개개인에 맞는 교육을 학원에서 할 수 있을까? 그것은 불가능에 가깝다. 그러므로 자녀가 성인으로 성장할 때까지 이루어지는 교육은 학원이 아닌 부모가 담당해야 한다.

어떻게 잘 키울 수 있을까?

많은 부모가 부모 노릇에 서툴다. 첫 자녀일 경우 더 그렇다. 자녀를 키워본 적도 없고, 키우는 방법을 배운 적도 없기 때문이다. 그러므로 서툰 것은 당연하다. 누구도 초보자에게 전문가처럼 잘하기를 기대하지 않는다. 다만, 부모로서 해야 할 역할에 최선을 다하기를 기대할 뿐이다.

2016년, 서울의 영·유아 부모 1,000여 명을 대상으로 부모교육의 필요성에 대한 조사가 있었다. 조사 결과 부모교육을 희망하는 부모는 95%를 넘었다. 하지만 실제로 부모교육을 해본 경험은 이에 크게 못 미쳤다. 부모교육 경험은 여성이 39%, 남성이 19%에 불과했다. 정보가 부족하거나, 시간이 없거나, 자녀를 돌볼 사람이 없다는 것이 그 이유였다.

이처럼 많은 부모가 자녀교육에 대해 걱정하면서도 노력하진 않는다. 노력이 뒤따르지 않으면 해결도 없다.

자녀를 잘 키우고 싶은 목표가 있다면, 목표에 따른 부모의 역할을 해야 한다. 교육 효과를 높이기 위해 자녀의 기질을 알아야 하고, 부모 자신이 할 수 있는 것과 없는 것의 기준을 잡아야 한다. 그리고 꾸준히 실천하고 노력해야 한다.

유치원에서 많은 아이와 부모를 대하다 보면 더욱더 부모교육의 절실함을 깨닫게 된다. 그래서 유아 부모를 대상으로 교육을 수차례 진행한다. 이때, 최대한 많은 부모가 참석할 수 있도록 설문조사를 통해 날짜와 시간을 정한다. 그리고 모든 부모에게 참석할 것을 일일이 당부한다. 하지만 매번 참석하는 부모는 정해져 있다. 이처럼 부모가 먼저 변하려는 노력은 하지 않으면서 자녀 양육의 어려움만 호소하는 경우가 많다.

부모에게 자식 교육만큼 중요한 것이 또 있을까? 답답하다면, 잘 키우고 싶다면, 없는 시간도 만들어야 한다. 정보가 부족하다면 찾아야 한다.

자녀 교육은 정해진 장소, 정해진 시간에 이뤄지는 것이 아니다. 밥을 먹고, 잠을 자고, 화장실을 가고, 숨을 쉬는 모든 공간과 시간 속에서 교육이 이루어진다. 그러므로 부모의 역할이 중요하다.

세상에서 자녀를 제일 잘 아는 사람은 부모다. 그러기에 잘 가르칠 수 있는 사람 역시 부모이다. 부모의 능력이 부족할 때는 학원에서 보충해 줄 수 있다. 그렇지만 자녀교육의 주체는 어디까지나 부모이어야 한다.

자녀가 사회인으로서 살아가기 위한 모든 능력은 부모의 품 안에 있는 8~9년 동안 발달한다. 아이가 사회에 나가서 보이는 모습은 부모 역할의 결과임을 잊지 말자.

자녀교육은 부모하기 나름

"오늘 저녁은 뭐해 먹지?"

"엄마, 내가 계란말이 할게."

"지난번 치즈 넣은 계란말이는 느끼했어."

"그럼 이번에는 다른 걸 넣어볼까?"

"냉장고 안에 있는 채소들 모두 넣어 볼까?"

"난 이따 설거지."

"좋아. 언니랑 엄마랑 저녁 준비하면 경채가 마무리?"

"오케이."

나는 집안의 모든 일을 아이들과 함께한다. 직장을 다니기에 더불어 지내는 시간이 부족한 이유도 있지만, 무엇보다 서로에 대해 자연스럽게 알아가기 위해서다.

저녁 무렵 한자리에 모인 두 딸과 엄마는 오늘 일어난 일을 풀어놓기에 바쁘다. 엄마는 유치원에서 즐거웠고 힘들었던 일, 아이들은 학교에서의 일을 이야기한다. 이 시간만큼은 엄마도 딸도 서로에게 친구가 된다. 아이들의 이야기에 '이렇게 하라, 저렇게 하라'는 식의 지시와 명령은 없다. 그저 함께 즐거워하고 함께 안타까워하는 공감과 수용만 있다. 우리에게 저녁 식사 시간은 하루의 일과를 기분 좋게 마무리하는 시간인 셈이다.

이런 나도 부모가 될 만반의 준비를 하고 결혼한 것은 아니다. 사랑하는 사람을 만났기에 결혼했고, 큰딸이 태어났다. 아기가 그저 신기했고 사랑스러웠다. '엄마'라는 호칭에 책임감이 생겼지만, 엄마의 역할은 제대로 몰랐다. 안아주고 젖을 먹이고 기저귀를 갈아주고 재워줄 뿐이었다. 한 번도 가보지 않은 길을 어떻게 가야 할지 막막했다.

내가 유아교육을 전공했다는 것은 실제 육아에 별다른 도움이 되지 않았다. 게다가 나는 일을 해야 했다. 그래서 딸아이와의 중요한 시기를 뒤로하고 친정에 아이를 맡겼다. 친정 부모님은 사랑스러운 첫 손주를 금이야 옥이야 돌보았다.

유치원에서 만나는 엄마들에게 엄마로서 해야 할 역할을 강조하며 변화하기를 부탁했지만, 정작 나는 그렇지 못했다. 아이를 낳은 엄마였지만, 엄마 노릇은 하지 못했다.

이 때문에 유치원에서 아이들을 가르치는 '선생님의 역할'과 가정에서 아이를 길러야 하는 '엄마의 역할' 사이에서 괴리감을 느낄 수밖에 없었다. 하지만 어쩔 수 없다고 생각했다.

이런 괴리감 속에서 허우적대고 있을 때, 둘째가 태어났다. 이제는 내가 처한 상황 탓을 할 수만은 없었다. 그래서 친정에 맡긴 큰아이를 데리고 왔다.

비로소 온전한 가족이 된 느낌이었다. 제대로 자녀교육을 할 수 있을 것이란 기대에 부풀었다. 하지만 첫날부터 어려움에 부딪혔다.

첫 째 마 당

할머니 품에서 오냐 오냐 자란 탓에 응석받이가 된 첫째, 집안 살림
살이를 송두리째 뒤집어 놓는 둘째.

아이들 교육은커녕, 말리고 달래고 쫓아다니며 치우는 일로 하루
를 다 보냈다. 그러다 보니 아이들을 잘 교육하고자 했던 목표를 수
정할 수밖에 없었다. 학교에서 배웠던 이론은 무용지물이 됐다. 유아
교육의 이론이 어떠하든, 마음을 비우고 내가 할 수 있는 교육의 목
표를 세웠다.

우선, 큰아이와 긍정적인 관계를 맺는 데 목표를 두었다. 엄마의
사랑을 표현하고, 짧은 시간이라도 함께 놀아주고, 아이의 마음에 공
감할 수 있도록 노력했다. 이를 통해 아이와 안정적인 관계를 만들었
다. 그러고 나서 뭐든지 해달라는 습관과 무조건 울음으로 해결하려
는 행동을 바로 잡는 것을 다음 목표로 삼았다.

"경진이는 할 수 있어. 엄마가 지켜봐 줄게."

아이 스스로 해 보도록 친절하게 안내했다. 아주 간단한 일부터
시작했다. 하지만 받는 데만 익숙하던 아이는 엄마의 방법을 힘들어
했다. 조금만 힘들어도 눈물을 흘리며 할머니를 찾았다. 안타깝고,
미안했다. 그렇다고 할머니처럼 모든 것을 대신해 줄 수 없었다. 쉬
운 것부터 스스로 할 수 있는 기회를 주었다.

식사 시간에 숟가락조차 잡으려 하지 않던 아이가 스스로 숟가락

을 잡자 칭찬해주었다. 자기가 입을 옷을 꺼내 오는 것만으로도 손뼉을 쳐줬다. 아이는 조금씩 자신감이 붙었고, 스스로 할 수 있는 일을 하나씩 늘려갔다.

아이의 행동을 칭찬하고 격려하는 일을 까먹을 때면, 아이는 "잘했구나, 해야지~~" 하면서 엄마를 일깨워주곤 했다. 그렇게 우리는 서로에게 적응해 갔다.

마지막으로 아이가 문제 행동을 일으켰을 때 걱정하거나 고민하기보다는 원인을 찾는 데 목표를 두었다. 그리고 양육 방법을 고치는 데 주력했다.

큰 아이는 눈물이 많았다. 말로 하면 될 일을 울음으로 해결하려 들었다. 대부분 부모는 아이가 울면 "뚝! 말로 해야지. 왜 울어?" 하며 핀잔하는 경우가 많다. 하지만 눈물의 원인을 찾아야 문제를 해결할 수 있다.

큰 아이의 눈물은 기질에서 비롯된 것이었다. 기질적으로 속상하고 힘들고 어려운 부정적 감정에 맞닥뜨리면 눈물부터 흘렸다. 거기에 오냐, 오냐 하며 받아준 할머니 때문에 아이는 눈물로 문제를 해결하려는 행동에 익숙해졌다. 이런 아이에게 '왜 우냐고' 다그치면 아이의 공감을 끌어내기 어렵다. 아이의 기질을 파악한 나는 속상하고 힘든 감정을 받아주었다.

"경진이가 속상하구나. 힘들구나. 어떤 일이 힘든지 말해줄래? 그럼 도와줄게."

아이의 감정을 받아줬고, 아이가 말로 표현하도록 친절하게 가르쳤다. 아이 스스로 눈물을 참고 노력해야겠다는 긍정적인 마음이 들 때까지 꾸준히 같은 방법을 이어갔다.

누구나 어릴 때 많이 울었던 경험이 있을 것이다. 그러나 성인이 되어서도 아이처럼 우는 경우는 많지 않다. 즉, 자기 조절력이 생기면 울지 않는다. 그러므로 아이에게 상처를 주면서까지 혼낼 이유는 없다.

걱정 없이 자녀를 키우는 사람은 없다. 어른의 눈으로 바라볼 때, 아이는 부족하고 미숙하다. 아이가 잘하든 못하든 부모로선 걱정이다. 한편, 부모와 자녀의 기질이 다른데도 이를 이해하지 못하면 그것 또한 걱정의 원인이 된다.

유아기 때 아이의 문제 행동을 무턱대고 고치려 들어선 안 된다. 먼저 원인을 살펴야 한다. 원인에 따라 부모가 대응 방법을 바꾸면, 해결하지 못할 문제는 없다.

부모의 대응 방법이 왜 중요할까? 많은 부모가 아이의 잘못된 행동을 아이 탓으로 돌린다. 그리고 무서운 훈육 방법으로 해결하려 한다. 이렇게 하면, 아이의 문제 행동을 고치기는커녕 부모와 자식 간의 관계만 틀어진다.

유아기에 보이는 문제행동의 원인은 단순하다. 겉으로 드러나는 행동에만 초점을 맞추어도 쉽게 원인을 찾고 해결할 수 있다. 그러나 부모와 틀어진 관계에서는 원인을 찾고 해결하기 어렵다. 특히 아동기, 청소년기 때까지 틀어진 관계가 이어지면 해결책을 찾기가 더욱 어렵다. 유아기 때의 문제행동은 부모의 품 안에서 벌어지기에 수습할 수 있지만, 독립한 후의 문제행동은 그렇지 않다.

최근에 데이트 폭력에 관한 기사가 언론에 자주 노출되고 있다. 자녀를 둔 부모들 사이에서는 무서워서 결혼 못 시키겠다는 한탄까지 나온다. 데이트 폭력이 일어나는 것은 부모로부터 사랑이란 감정을 표현하는 방법을 잘못 배웠기 때문이다. 누가 봐도 부러울 만한 스펙을 지녔어도 올바른 인간성을 지니지 못하면 잘 키웠다고 말 할 수 없다.

아이를 잘 키운다는 것

정답은 없다. 시중에 수많은 육아서적과 부모 교육서가 나와 있지만, 그것이 내 아이에게 맞는 양육 방법이라 단정할 수 없다.

나는 '내 아이를 어떻게 키울 것인가'를 고민하지 않았다. 대신

'나는 어떤 부모가 될 것인가'를 궁리했다. 나는 아이들이 엄마·아빠와 사랑으로 묶여 있다고 느끼기를 바랐다. 아이들을 가르치기보다는 서로 소통하길 원했다. 그리고 아이들이 스스로 깨닫고 변하길 바랐다.

이 방법 역시 모두에게 해당하는 정답은 아니다. 하지만 아이들도, 부모인 나도 서로에게 만족하고 행복하다. 그러므로 나에게는 이것이 정답이다.

아이의 마음과 행동을 변화시키는 묘약, 사랑과 관심

아이에게 어른의 사랑과 관심은 어떤 것일까?

아이의 신체가 건강하게 자라려면

엄마가 챙겨주는 영양가 있는 밥상이 필요하다.

아이의 마음이 건강하게 성장하려면

부모와 선생님의 따뜻한 사랑과 관심이 필요하다.

오전 8시 40분이면 까르르 아이들의 웃음소리가 들려온다. 유치원 현관문을 활짝 열고 "안녕하세요?" 외치는 소리와 함께 하루가 시작된다. 서로 차례 다툼을 하더니 어느새 줄을 맞춰 선다.

　　그런데 부끄러운 듯 웃으며 인사하는 유준이의 얼굴에 상처가 보인다.

　　"유준아, 어쩐 일이야? 많이 아팠겠다. 어쩌다가 다쳤어?"

　　"자전거 타다가 넘어졌어요."

　　"많이 아팠겠다. 호~~ 해줘야지"

　　"이제 안 아파요. 헤헤"

　　유준이는 기분이 좋아져서 교실로 간다.

그 모습을 지켜보고 있던 소을이가 "저도 여기 아파요." 하면서 엄지를 내민다. 언제 다쳤는지 모르는 흉터가 보인다. "어~ 우리 소을이도 많이 아팠겠구나~ 호~ 해줘야지." 소을이도 금세 환하게 웃는다. 다음 아이도 그다음 아이도 모두 환자가 된다. 나의 작은 관심으로 아이들은 기분 좋게 하루를 시작한다.

교실에 가보니 엄마가 보고 싶다며 우는 아이가 있다. 무릎에 앉혀 토닥토닥 달래준다. 그러자 잘 놀고 있던 아이들도 "엄마~" 하며 울면서 온다. 민주가 콜록콜록 기침을 한다. "민주 감기 걸렸나 보구나." 하면서 이마도 만져주고 따뜻한 물을 먹인다. 멀쩡하던 아이들이 기침하며 선생님에게 온다.

아이에게 어른의 관심은 어떤 것일까? 아이의 신체가 건강하게 자라려면 엄마가 챙겨주는 영양가 있는 밥상이 필요하다. 물론 인스턴트와 같이 영양이 부족한 음식을 섭취해도 몸은 자란다. 다만, 건강한 성장에 도움이 안 될 뿐이다. 마찬가지로 마음이 건강하게 성장하려면, 부모와 선생님의 따뜻한 사랑과 관심이 필요하다. 사랑과 관심이 없어도 아이의 마음은 자라지만, 건강하고 안정된 마음은 아닐 것이다. 아이에게 있어서 사랑과 관심은 식물에 있어 물과 같다. 식물에 물을 너무 많이 주면 뿌리가 썩고, 너무 적게 주면 말라 죽는다. 아이들도 마찬가지다. 사랑과 관심을 적당히 쏟아야 한다.

독일의 아동 정신 분석 학자 에릭슨(Erikson)은 심리 사회적 발달 이론을 주장하였다. 에릭슨은 "주 양육자(부모)가 아이의 신체적, 심리적 욕구를 얼마나 충족시켜 주느냐에 따라 아이는 세상에 대한 신뢰감 또는 불신감을 느끼게 된다."고 하였다.

사랑과 관심은 신체와 심리가 원하는 욕구이다. 부모에게 사랑과 관심을 받으면 세상을 '좋은 곳, 살만한 곳'이라 여기게 된다. 이런 관점에서 볼 때, 부모가 아이에게 주는 사랑과 관심이 많으면 많을수록 좋다고 생각할 수 있다. 하지만 에릭슨은 "완전한 신뢰감이 바람직한 것만은 아니다."라고 주장했다. 세상이 나를 완벽하게 보호 해 줄 것이라는 신뢰감만 있으면, 살면서 겪는 어려움에 대한 대처 능력이 생기지 못한다. 즉, 과도한 사랑과 관심으로 형성된 신뢰감은 오히려 아이가 사회에 적응할 수 없도록 만든다. 아이는 살아가면서 그 나이에 맞는 크고 작은 어려움을 겪는다. 이 어려움을 해결하는 과정에서 아이는 건강한 자아와 사회관계를 형성한다. 적당한 사랑과 관심, 적당한 신뢰감, 그리고 적당한 어려움이 아이의 올바른 자아 형성을 돕는다는 것을 부모는 깨달아야 한다.

여섯 살 지영이가 유치원 현관문을 열고 들어온다. 선생님은 양팔을 벌려 안아주려 한다. 하지만 지영이는 선생님을 밀쳐낸다.

"지영이를 만나서 반갑고 좋아서 안아주려 한 거야."

"이 바보야~~"

"어~~ 바보라고 말하니까 선생님이 속상해."

슬픈 표정으로 우는 척을 한다. 지영이는 선생님 주변을 맴돌며 웃는다. 그리고 "그래도 선생님은 바보야."라고 말한다. 선생님은 아이를 끌어당기며 그 말이 나쁜 말임을 설명하려 한다.

나는 아이에게 아무런 반응을 하지 말도록 선생님께 조언했다. 일부러 하는 잘못된 행동에는 무관심해야 한다고 말했다. 관심 끌려고 하는 행동에 관심을 주면 미운 행동이 강화되기 때문이다.

지영이는 선생님 주변을 맴돌며 툭툭 치는 행동으로 자신을 쳐다보게 했다. 관심받고 싶은 마음을 잘못된 방법으로 표현한 것이다. 아이는 자신에게 관심이 없다고 느끼면 부정적이고 잘못된 행동을 해서라도 관심받고자 한다. 이런 잘못된 행동이 반복되면 나쁜 습관이 형성된다.

그런 아이의 마음을 모르는 어른은 아이의 행동을 고치기 위해 무섭게 화를 내거나 벌을 준다. 아이는 자기의 마음을 몰라주고 야단만 치는 부모가 미워진다.

지영이는 부족한 관심을 미운 행동을 해서라도 받고 싶어 했을 뿐이다. 그러므로 나쁜 행동을 지적하기보다는 지영이가 사랑을 느끼도록 밝고 호의적인 행동으로 대해주어야 한다.

아이가 초등학생이 되면 서서히 부모의 사랑과 관심으로부터 독립한다. 부모에 대한 사랑과 관심의 욕구가 줄어들기 때문이다. 이때

둘째마당

가 되면 오히려 부모의 관심이 귀찮아진다. 그런데 부모에 대한 부정적인 마음을 가진 아이가 부모와의 관계를 회복하지 못한 채 독립하게 되면 부모와 자녀의 사이는 더 멀어지게 된다.

멀어진 부모와 자녀 관계는 청소년이 된 아이들에게 아무런 도움이 되지 않는다. 청소년이 되면 아이들은 더 많은 갈등을 겪는다. 친구, 진로, 성적, 이성 등등, 수많은 고민을 한다. 자녀가 부모와 두터운 신뢰 관계를 형성하고 있으면, 고민이 생겼을 때 주저 없이 부모에게 고민을 털어놓는다. 하지만 부모와 불신이 쌓인 아이는 고민이 생기고 어려움이 생겨도 부모와 상의하지 않는다. 오히려 가까운 친구를 찾는다. 결국 판단이 미숙한 친구의 잘못된 조언으로 일이 더 꼬이게 된다.

그런 친구마저도 의지할 상황이 안 될 때 아이들은 극단적인 선택을 하기도 한다. 그러므로 어려울 때 의지할 수 있는 부모, 항상 나의 편이라는 믿음을 주는 부모가 되어야 한다.

사람의 마음을 움직이고 행동에 변화를 주는 기술을 습득하는 것은 매우 어렵다. 어려운 만큼 많은 시간과 노력이 필요하다. 그래서 중간에 포기하기 쉽다. 그러나 부모가 포기하지 않고 노력할 때 아이는 부모를 편안한 안식처로 여긴다.

넘치지도 모자라지도 않는 사랑과 관심은 부모와 아이 사이의 흔들리는 마음을 단단하게 이어준다.

엄마의 사랑 표현

몇 년 전 '내 자녀와 긍정적 관계 형성을 위한 사랑 표현하기'를 주제로 부모교육을 했다. 교육 시작 전, 참석한 엄마들에게 미션을 부여했다. 남편에게 '사랑한다.'는 문자메시지 보내기였다. 재깍 한 엄마가 남편에게 답을 받았다.

"어~ 우리 통했다. 나도 지금 당신 생각하고 있었는데~"

주위에서 탄성과 함께 축하의 인사가 이어졌다. 당사자인 엄마는 부끄러워했지만, 강의가 끝날 때까지 얼굴에 미소가 가득했다.

곧이어 다른 엄마가 문자를 받았다. "뭐 잘못 먹었어? 왜 안 하던 짓을 해?"라는 핀잔이었다. 엄마는 핸드폰을 툭 던지며 혼잣말처럼 중얼거렸다.

"이 인간이 그렇지. 내가 뭘 바래."

끝내 답을 받지 못한 엄마도 있었다. "우리 남편은 바빠서 핸드폰을 안 봐요."라며 담담히 말했지만, 서운한 표정이 그대로 드러났다.

사랑은 누구나 갈구하는 보편적 감정이다. 사랑받고 있다는 믿음은 정서적 안정을 가져온다. 특히, 성장기 아이의 정서는 부모로부터 크나큰 영향을 받는다. 부부 관계가 사랑으로 안정되어 있으면, 아이는 올바르게 성장한다. 반대로 불화와 갈등이 잦으면, 아이의 성장에 부정적 영향을 미친다. 그러므로 자녀교육은 부부의 안정된 관계에서부터 출발해야 한다.

"부모가 행복해야 아이도 행복하다."는 말이 있다. 그렇다. 아이에게 정서적 안정감을 주려면 부모가 먼저 행복해야 한다. 부모는 아이의 성장을 돕는 따뜻한 햇볕과도 같다. 만일 부모가 불행의 구름 속에 있다면, 아이는 햇볕을 받지 못한 나무처럼 비틀린 모습으로 성장하고 만다.

부모의 사랑은 아이의 정서적 안정에 절대적 영향력을 발휘한다. 어느 부모라고 자신의 아이를 사랑하지 않을까. 사랑하기에 아이를 위해 최선을 다하고, 자신에게 소중한 것을 아낌없이 희생한다.

그런데 아이의 입장에서는 어떨까. 부모는 아이에게 조건 없는 사랑을 베푼다고 하지만, 아이가 과연 엄마 아빠가 나를 사랑한다고 느끼고 있을까?

유아의 인지 능력으로는 전체와 핵심을 파악할 수 없다. 그때그 때 느끼고 판단할 따름이다. 어느 경우에는 부모의 사랑을 느끼다 도 또 어느 때는 의심의 눈초리로 바라보거나 전혀 엉뚱하게 받아 들인다. 유아는 겉으로 보이는 행동으로 다른 사람의 마음을 파악할 뿐, 눈에 보이지 않는 사랑은 느끼지 못한다.

아내가 늘 남편의 사랑을 확인하고 싶어 하듯이, 아이도 그렇다. 아니, 아이는 어른보다 욕구가 훨씬 강렬하다. 따라서 아이가 '사랑 받고 있다'는 느낌을 끊임없이 갖도록 해주어야 한다. 무엇보다 사랑 표현이 중요하다.

"그걸 꼭 말로 해야 아나? 행동으로 보여주면 되지."

사랑 표현에 서툰 부모들의 항변이다. 많은 부모가 사랑의 감정 을 그대로 드러내는 걸 부끄럽게 여긴다. 그러나 말해야 한다. 어른 들도 말해야 아는 사랑을 아이들이 듣지 않고도 어떻게 알겠는가.

어느 날 등원하는 미진이를 안아주며 말했다.

"원장님은 미진이가 제일 좋아. 알고 있었어?"

미진이는 내 목을 두 팔로 감싸며 활짝 웃었다. 며칠 뒤 미진 엄 마의 전화를 받았다.

"원장님이 자기를 제일 좋아한다면서 만나는 사람마다 자랑하네 요."

잠시 사랑을 말로 표현했을 뿐인데, 미진이에게는 사랑받고 있다 는 확신으로 이어진 것이다. 아이들은 직관적 사고를 한다. 그래서 보여주고 들려주는 대로 믿는다.

"하루에 세 번 감기약을 먹듯이 사랑을 표현하라."

부모교육 강의 중 자주 하는 말이다. 방법은 아주 쉽다. 등원하는 아이를 안아주며 아침 약을 먹인다.

"사랑하는 우리 딸, 유치원 잘 갔다 와. 엄마가 사랑하는 거 알지?"

유치원에서 돌아온 아이에게는 또 점심 약을 준다.

"너무 보고 싶었어. 사랑해."

잠자리에서는 따뜻한 말로 저녁 약을 먹인다.

"세상에서 제일 사랑하는 우리 아들, 잘 자. 재밌고 즐거운 꿈을 꾸길 바래."

부모교육을 받은 대로, 민수 엄마는 중학교 2학년인 큰딸에게 정말 감기약을 먹이듯 사랑 표현을 했다. 민수 엄마는 큰딸에게 틈나는 대로 뽀뽀하고 엉덩이를 토닥여 주었다. 처음에는 "왜 그래~~" 하며 어색해하던 큰딸이 며칠이 지나자 표정도 밝아지고, 먼저 엄마를 안아주기도 했다.

"다 큰 아이가 그런 사랑을 원하고 있는 줄 미처 몰랐어요."

민수 엄마는 눈시울을 붉혔다. 이전까지 민수 엄마는 비싼 학원에 보내는 것, 원하는 물건을 사주는 것, 끼니때마다 밥을 챙겨주는 것이 사랑이고 관심이라고 생각했다. 그러나 이제는 그것이 사랑이 아니라는 것을 안다.

사랑은 고인 물이 아니다. 흘러오고 흘러간다. 살아 꿈틀댄다. 그러므로 끊임없이 느끼고 확인받아야 한다.

내가 출근해서 제일 먼저 하는 일은 등원하는 아이들을 맞이하는 것이다. 나는 유치원에 들어서는 아이 한 명 한 명을 안아준다. 즐겁게 왔는지, 속상한 일이 있는지, 아픈지 살펴봐 주며 사랑한다고 말해준다.

가끔 사랑 표현을 받아들이는데 미숙한 아이가 있다. 대체로 낯가림이 심한 경우, 사랑 표현을 덥석 받아주지 않는다. 철수가 그런 아이였다. "철수야, 보고 싶었어."라고 해도 웃지 않았다. 관심 없다는 듯 흘낏 쳐다볼 뿐이었다. 그럴수록 귓속말로 더 강력히 표현했다.

"오늘 머리 스타일 완전 잘 어울린다. 오늘 철수가 제일 멋져"

어느 날 철수가 지각했다. 그래서 유치원에 들어서는 철수를 맞이하지 못했다. 그러자 철수가 교무실로 나를 찾아왔다. 철수는 무뚝뚝한 말투로 먼저 아는 척을 했다.

"철수, 왔어요."

"어머~~ 철수 왔구나. 왜 늦었어? 기다렸잖아."

힘껏 안아주었더니 철수가 씩, 웃었다. 그동안 무심한 척 내게 행동했지만, 사실 마음속으로는 원장님의 사랑 표현을 기다리고 원했던 것이다.

살레지오회를 설립해 평생 교육에 헌신한 돈 보스코(Don Bosco) 성
인은 말했다.

"자녀를 사랑하는 것만으로는 부족합니다. 아이들이 사랑받는다는
것을 느낄 수 있도록 표현해야 합니다."

아이의 정서적 불안은, 사랑받고 있다는 확신이 부족한 탓이다.
아이에게 확신을 심어주기 위해선 거침없이 사랑을 표현해야 한다.
자주 사랑을 확인받는 것만으로도 아이는 긍정적 관계를 형성할 수
있다.

존 보울비(John Bowlby)는 인간의 애착 이론에서 부모의 사랑이 주
는 영향을 연구한 심리학자다. 그의 이론에 의하면, 아이는 자신과
애착 대상(부모)과의 상호작용 패턴에 의해 애착을 형성한다고 한다.

상호작용 패턴에 거절, 무관심과 같은 경험이 많으면, 애착 대상
에 대해 부정적 내적 표상을 만든다. 이러한 부정적 내적 표상은 '나'
자신을 가치 없는 존재, 또는 수용되지 못한 존재로 느끼는 부정적
작동모델을 형성한다. 반면에 애착 대상이 자신을 사랑하고 지지하
고 도와준다고 느낄 때, 긍정적 작동모델을 갖게 된다. '작동'은 그 당
시에만 이루어지는 것이 아니다. 이후의 삶에서 비슷한 상황이 생길
때마다 '작동'의 영향 안에 놓이게 된다.

새로운 도전을 하거나 새로운 사람을 만날 때 대처하는 방법은 그때그때의 상황과 여건에 맞춰 달라지는 것이 아니다. 이미 만들어진 내적 표상에 의해 대처 방법이 결정된다. 따라서 부정적인 대처 방법을 선택하는 경우, 과거의 내적 표상이 부정적으로 형성되었다고 보면 틀림없다.

유치원에는 다양한 성향의 아이들이 있다. 같은 상황이 일어나도 아이마다 반응이 다르다. 어느 아이는 심각하게 느끼지만, 어느 아이는 대수롭지 않게 넘긴다. 이는 천성적 성향 차이에서 비롯되기도 하지만, 대부분 부모와의 애착 정도에서 비롯된다.

보울비의 이론에 따르면, 내적 표상은 유아기에만 영향을 미치지 않는다. 아동기, 청소년, 성인에 이르기까지 무의식 속에 영향을 미친다. 그러므로 지금 우리 아이의 내적 표상을 어떻게 만들어 주어야 할지 심각하게 고민해야 한다.

사랑 표현에 인색해서는 안 된다. 부지런히 사랑한다고 말해야 한다. 아이는 부모의 사랑을 통해 정서적 안정은 물론, 긍정적 내적 표상을 형성해 장차 세상과 당당히 마주하기 때문이다.

함께 노는 즐거움의 놀라운 효과

　따뜻한 어느 봄날. 유치원에서 아빠와 함께 하는 날을 진행했다. 아빠에게 아이들의 유치원 생활을 보여주는 '아빠 참여 수업 행사'다. 프로그램 중에 아빠와 물총 놀이 시간이 있었다. 옷이 젖을 터이므로 여벌의 옷을 가져오게 했다.

　넓은 잔디 운동장에서 물총을 나눠주고 상대방을 공격하며 놀도록 했다. 그런데 예상치 못한 일이 벌어졌다. 아빠와 아이 모두 서로를 향해 물총을 쏘지 못했다. 서로 어색해하며 애꿎은 잔디나 하늘을 향해 물총을 쏘았다. 멍석을 깔아줘도 놀지 못하는 상황이 답답했다. 선생님들이 팔을 걷어붙이고 나섰다.

　"얘들아, 빨간 모자 쓴 아빠한테 공격~"

성격 좋게 생긴 빨간 모자를 쓴 아빠는 뛰기 시작했다. 아이들도 그 아빠를 쫓아다녔다. 어색함이 풀어지자 다른 아빠들도 아이들에게 물총을 쏘기 시작했다. 선생님의 지시에 따라 아이들은 아빠의 엉덩이, 가슴, 얼굴에 물총을 쏘며 즐거워했다.

부지런히 도망 다니는 아빠, 두 팔을 높이 들고 항복을 선언하는 아빠, 물총에 맞아 일부러 고통스러운 표정을 짓는 아빠, 아예 바가지에 물을 담아 공격하는 아빠, 물총에 물이 떨어지자 아이와 나뒹굴며 레슬링을 하는 아빠…….

아이들의 까르르까르르 웃는 소리, 아빠들의 엄살과 몸 개그로 행사는 즐거운 축제가 되었다. 행사가 끝난 후 아이들에게 무엇이 재밌었느냐고 물었다. 아이들 모두 주저 없이 물총 놀이를 꼽았다.

물총 놀이는 30분에 불과했다. 그런데도 아이들은 한참이 지난 후에도 그때의 장면을 떠올리며 즐겁게 이야기했다. 고작 30분이었지만, 많은 경험을 했다.

아이들은 물총을 맞고 장난으로 쓰러지는 아빠를 보며 성취감을 맛보았을 것이다. 또, 아빠를 깊이 받아들인 경험이 즐거운 추억이 되었을 것이다. 그리고 즐거운 놀이를 통해 아이 마음 한구석에 아빠의 사랑이 쌓였을 것이다.

나도 어릴 때 비슷한 추억이 있다. 아버지는 연년생인 3남매를 데리고 집 근처의 관악산에 자주 가셨다. 관악산 정상에는 헬리콥터장이 있었다. 그곳은 우리가 맘껏 뛰어놀기 좋았다. 그곳에서 아버지와 숨바꼭질도 하고 보물찾기도 했다. 아버지는 우리에게 납작한 돌을 주워오도록 하셨다. '비석 치기'를 가르쳐 주기 위해서였다. 우리는 치마를 보자기 삼아 여기저기서 돌을 찾아 담기 시작했다. 너도나도 비석 치기 좋은 돌을 찾으면 소리를 쳤다. 그때마다 아버지는 "좋~다." 하며 웃어주셨다. 납작하고 모양이 예쁜 돌을 주워 온 우리에게 아버지는 100원짜리 '라면땅'을 선물로 주셨다. 봉지를 헤집으며 라면땅 속에 숨어있는 별사탕을 찾는 것도 재미가 쏠쏠했다.

라면땅을 먹은 후 본격적으로 비석 치기 놀이를 했다. 세워진 돌을 맞춰 쓰러뜨린 언니는 우쭐댔다. 맞추지 못한 나는 실망했지만, 아버지가 맞출 수 있는 기술을 알려주어 다시 도전했다. 그렇게 우리는 아버지에게 비석 치기를 배웠다.

이때가 초등학교 1학년 때다. 초등학교 시절의 기억은 별로 남아 있지 않지만, 아버지와 '라면땅', 그리고 비석 치기에 대한 기억은 여전히 생생하다. 아버지의 따뜻함을 확실히 느낄 수 있는 시간이었기 때문이다.

어릴 때는 돌멩이 하나만 가지고도 오랫동안 즐겁게 놀 수 있다. 아이들은 스스로 규칙을 정하고 놀이의 수준을 높이기 위해 상상력과 창의력을 발휘한다. 누가 시켜서가 아니라, 재미를 느끼기 위해 적극적으로 참여하고 경쟁하고 성취감을 느낀다.

아이들은 놀이를 좋아한다. 그러나 부모들은 "만날 놀기만 하면 어떻게 해?"라며 야단친다. 아이들에게는 놀이가 곧 공부인 것을 모르기 때문이다.

독일의 교육가 프뢰벨(Froebel)은 "아이는 놀면서 배운다. 놀이 도구가 곧, 교육 매체이다."라고 말했다. 미국의 심리학자 칼 로저스(Carl Rogers)는 "유아는 놀이를 통해 내적 동기를 일으키고, 현실과 상상의 세계를 넘나들며 상상력과 창의력을 키운다. 또, 자신의 행동을 통제하는 힘을 키 우며 세상에 적응해 나가는 법을 알게 되며 성숙해 간다."라고 말했다. 그러므로 아이들이 세상 살아가는 법을 쉽게 배우려면 놀면서 배워야 한다. 잘 노는 아이는 몸도 마음도 건강하다. 그리고 똑똑하다.

매년 어린이날에는 아이들과 함께 놀이공원에 가곤 했다. 복잡한지 뻔히 알면서도 길을 나섰다. 평소 40분이면 충분할 거리를 3시간 걸려 도착했다. 그런데도 놀이공원에 즐겁게 놀기는커녕 사람 구경만 실컷 하다 돌아왔다. 즐겁게 놀자고 나선 길에 정작 즐거움이 없었다.

그래서 방법을 바꿨다. 어린이날에 맛있는 도시락을 싸서 가까운 공원을 찾았다. 돗자리를 펴 놓고 준비해 온 간식과 김밥을 먹었다. 배드민턴도 치고 함께 롤러블레이드도 탔다. 평소에는 아이들만 탔지만, 이번에는 나와 남편도 함께 탔다. 엉거주춤, 비틀비틀, 엉덩방

둘째마당

아를 찍었다. 아이들은 아빠 엄마의 모습을 보고 엄청나게 웃어댔다. 그러면서 아이들은 보란 듯 멋들어지게 회전하는 묘기를 보여주었다. 박수와 환호로 부러움을 표현했더니 엄청 으스댔다.

　어쩌다 아이들과 어린이날 추억에 관해 이야기할 때면, 아이들은 수차례 다녔던 놀이 공원은 그저 '갔었다.'라는 기억만 떠올렸다. 하지만 동네 공원에서 함께 롤러블레이드를 탔던 어린이날은 아직도 어제 일처럼 자세히 기억했다. 롤러블레이드를 함께 타며 엄마, 아빠보다 잘하는 것이 있다는 것에 얼마나 뿌듯했을까 싶다. 또, 더 잘 타기 위해 집중하고 노력하려는 내적 동기가 커졌을 것이란 생각도 들었다.

　엄마들은 아이와 어떻게 놀아야 할지 어렵다고 말한다. 대부분 엄마는 아이와 잘 놀아주기 위해, 아이에게 즐거움을 주기 위해, 어른의 시각에서 놀이를 찾는다. 그래서 많은 시간과 돈이 들어갈수록 아이들이 좋아할 것으로 생각한다. 게다가 교육적 가치가 있는 놀이여야 좋은 놀이라고 생각한다.

　하지만 아이들이 생각하는 놀이는 다르다. 아이들은 놀이 시간, 교육적 가치, 비용은 전혀 신경 쓰지 않는다. 아이들은 그저 함께 놀이할 때 즐거우면 그만이다. 아이만 즐거운 것이 아니라 부모도 즐거워야 한다. 아이는 부모가 자신을 위해 시간을 보내는 중인지, 함께 즐기고 있는지를 본능적으로 알아차린다. 또한, 부모가 아이와 즐겁게 놀려고 하는지, 가르치려고 하는지를 귀신같이 알아차린다. 그러기에 아이는 부모의 의도에 따라 놀이의 만족도가 달라진다. 아이도 자신으로 인해 부모가 즐거워하길 원한다. 부모의 즐거움을 확인하는 순간, 아이는 행복감을 맛본다. 그 기억이 부모와의 긍정적 관계 형성에 도움이 된다. 그리고 아이에게 소중한 추억으로 남는다.

아이가 느끼는 부모의 사랑은 시간과 비용에 비례하지 않는다. 그리고 많은 시간과 비용을 투자해 아이와 놀아줄 수 있는 부모도 많지 않다. 그러므로 부모는 시간과 비용을 어떻게 마련할 것인가 고민하기보다는 부족한 시간과 비용을 어떻게 효율적으로 사용할 것인가 고민해야 한다.

가장 효과적인 방법은 아이와 함께 하는 시간의 질을 높이는 것이다. 짧은 시간일지라도 아이와 몸을 부대끼며 놀아주는 게 중요하다. 자전거를 함께 타거나 축구를 하는 것도 좋은 방법이다. 보드게임을 하며 대화를 나누는 것도 좋다.

아이와 소통하고, 아이의 눈높이에 맞춘 놀이를 할 때, 비로소 '놀이가 공부가 된다.', '놀이는 부모와의 긍정적인 관계 형성에 도움을 준다.'는 말의 의미를 알게 될 것이다.

짧은 제스처의 위력

모든 부모는 아이와 긍정적 관계를 형성하기 원한다. 또한, 긍정적 관계의 중요성에 대해서도 잘 알고 있다. 그러나 실상은 어떠한가. 부모들은 이를 매우 힘들게 여긴다. 엄청난 변화를 시도해야 긍정적 관계가 형성된다고 생각하기 때문이다. 하지만 이는 잘못된 생각이다. 긍정적 관계 맺기는 일상생활에서 엄마의 간단한 '제스처'만으로도 가능하다.

직장맘이야 말할 것도 없지만, 전업주부도 하루가 바쁘다. 아침에 눈 뜨자마자 전쟁을 치르며 아이를 유치원에 보낸다. 설거지와 청소, 그리고 빨래를 끝내고 잠시 쉬는 시간을 가지려 하면 아이가 유치원에서 돌아온다. 그러면 아이의 간식도 챙겨주어야 하고, 친구를 만들어주기 위해 놀이터에도 나가야 한다.

　　때때로 이웃 엄마들과 키즈 카페에 가기도 한다. 아이들끼리 놀도록 풀어 놓고 엄마들은 짧은 여유를 즐기며 수다로 스트레스를 푼다.

　　아이의 친구들과 놀이 시간을 마치고 집으로 돌아오면 아이를 씻기고 저녁 준비를 한다. 저녁을 먹고 아이를 재우고 나면 잠들기 전에 잠깐 내 시간을 즐기며 하루를 마감한다.

　　그런데 뭔가 이상한 점이 있지 않은가? 잘 살펴보면 엄마와 아이가 함께하는 시간이 없다. 아이를 씻기고, 식사를 챙겨주고, 숙제를 봐주고, 놀이터에 가 주는 것은 일방적으로 아이를 도와주는 것이지, 엄마와 관계를 돈독하게 만드는 것이 아니다.

　　직장맘의 경우 너무 바빠서 아이와 함께할 시간이 없다고 하소연한다. 물론 아이와의 시간을 따로 가지는 것이 가장 좋지만, 함께할 시간이 부족하다면 틈틈이 간단한 제스처만으로도 사랑을 전할 수 있다.

　　유치원 등원 시간, 소현이가 울면서 들어온다.

　　"소현이는 왜 울어?"

　　"엄마가 나 안 쳐다봤어요."

　　"엄마가 왜 안 쳐다봤어?"

　　"내가 버스를 타고 엄마를 불렀는데, 엄마는 아줌마랑 말하느라

날 안 쳐다봤어요. 그래서 속상해요."

어른의 시각에서는 '그것이 과연 울 일일까?' 생각할 수도 있다. 그러나 어리면 어릴수록 엄마와 헤어지는 순간이 힘겹고 두렵다. 막상 유치원에 들어오면 잘 놀면서도 헤어지는 순간만은 쉽지 않다. 그러니 소현이로선 서운할 법도 하다.

엄마가 고개를 돌려 소현이와 시선을 맞추는 것은 아주 간단한 일이다. 긴 시간이 필요치 않다. 그런데도 소현이는 엄마가 보여주지 않은 제스처 때문에 상처를 받은 것이다.

아침이면 등원을 위해 아이와 엄마가 유치원 버스 타는 곳에 나온다. 아이가 유치원 버스에 오르며 엄마는 아이와의 헤어짐이 아쉬워 하트를 만들어 날려준다. 아이가 버스에 탑승하면 버스가 출발해서 보이지 않을 때까지 손을 흔들어 준다. 아이마다 개인 차이는 있겠지만 일곱 살 정도만 되어도 서서히 부모의 이런 관심에 무덤덤해진다. 하지만 대여섯 살 아이들은 아직도 엄마의 이런 작은 표현에 정서적 안정감을 찾는다.

이처럼 아이에게 간단한 행동만으로도 충분히 사랑의 마음을 전할 수 있다. 그러한 행동들이 모이고 모여 긍정적 관계를 형성한다.

나는 유치원에서도 복도를 지날 때 만나는 아이들을 그냥 지나치지 않는다. 슬그머니 뒤로 돌아가 아이의 눈을 가린다. "누구게?" 아이들은 한동안 원장님이라고 대답했다. 그런데 이제는 집짓 모른 척

시치미를 뗀다. 그때마다 이렇게 말해준다.

"너를 제일 좋아하는 사람인데~"

이 한마디에 아이들은 즐거워한다. 활짝 미소 지으며 내 품에 안긴다.

줄을 서서 강당으로 이동하는 아이들을 보며 "와~~ 멋지게 줄을 섰구나~" 하면서 한 명씩 손바닥을 마주쳐준다. 이때 손 높이를 아이 키보다 높게 해서 점프하도록 유도한다. "와~~ 점프 실력이 대단해" 하는 칭찬에 아이는 나보고 손을 더 높이 올리란다. 그러면 높이는 척하다가 아까의 그 높이에 맞춘다. 실패하면 좋았던 기분이 사라질 수 있으니 말이다. 더 높아졌다고 생각한 아이는 점프해서 손을 마주친다. "최고, 최고" 하며, 엄지를 추어올린다.

잠깐 마주치는 아이도 그냥 보내지 않는다. 심부름 온 아이에게 '가위바위보'를 청한다. 그리고 일부러 져준다. 실망하는 척하면, 아이가 내 등을 토닥인다. 그 모습이 귀여워 결국 빵하고 웃음을 터뜨리고, 아이 역시 활짝 웃는다. 때때로 복도를 걷다가 눈을 마주치고 윙크를 하고 웃긴 표정을 지어 보이기도 한다. 아이들은 원장님이 조금만 망가져 줘도 많이 웃어준다.

아이들은 원장인 나를 좋아한다. 이러한 잠깐의 관심이 쌓인 결과이다.

　　　　　　　　　　　　　　　　　　　　　　 둘째마당

나도 워킹맘이다.

종일 유치원에서 분주하게 보낸다. 퇴근하자마자 옷도 갈아입지 못하고 쌀부터 씻어 밥솥에 안친다. 늦지 않게 저녁을 먹이고픈 마음에서다. 이윽고 어질러진 집안을 치운다. 이렇게 바쁘니 아이들과 따로 놀아줄 시간이 없다. 이때 틈틈이 취하는 작은 제스처가 긍정적 관계 형성의 효과를 발휘한다.

방법은 이렇다. 빨래를 들고 베란다로 널러 가면서 아이의 엉덩이를 토닥거린다. 이때 "우리 똥강아지" 하며 지나간다. TV를 보고 있는 아이에게 거실 바닥을 닦다가 "재밌어?"라고 하면서 볼에 뽀뽀한다. 요리하면서 아이를 불러 음식을 맛보도록 한다. 그리고 맛이 어떤지 물어본다. "아~ 맛나, 맛나" 하는 아이의 긍정적인 반응에 "고맙다"고 한다. 아이의 옷을 입혀줄 때도 작은 제스처는 위력을 발휘한다. 윗도리에 머리를 끼우고 쏙 빠져나오는 아이의 얼굴에 "까꿍" 하고 장난을 건다. 엄마의 이런 장난에 아이는 행복해한다.

이처럼 아이와 긍정적인 관계를 쌓기 위해서는 사랑을 표현해야 한다. 이때 얼마만큼 사랑하는지 말로써 표현해야 그 마음을 안다. 하지만 비언어적인 표현으로도 가능하다. 얼굴을 마주 보고 환하게 웃어주거나, 살짝 어깨를 토닥여주거나, 머리를 쓰다듬어주는 것만으로도 부모의 사랑하는 마음을 효과적으로 전달할 수 있다.

학부모를 모시고 유치원에서 참여 수업을 할 때면, 엄마들의 다양한 비언어적 반응을 볼 수 있다. 모르는 사람이 봐도 아이에게 어떤 메시지를 전하려 하는지 알 수 있다. 굳은 얼굴로 '잘해야 한다.'라는 메시지를 전달하는 엄마, 무서운 표정으로 아이의 행동을 억압하는 엄마 등이 그렇다. 이외에도 아이를 보고 환하게 웃으며 엄지손가락을 올려 보여주는 엄마도 있고, 아이가 나와 발표를 하는데 핸드폰만 보는 무관심한 엄마도 있다.

이렇게 많은 사람이 모인 자리에서 발표하는 건 어른들에게도 부담스러운 일이다. 하물며 아이들은 어떻겠는가. 아이로선 두렵고 떨리는 순간이 아닐 수 없다. 이때 엄마가 어떤 제스처를 취하느냐에 따라 아이는 힘을 내기도, 풀이 죽기도 한다. 그렇다고 억지로 제스처를 하면 안 된다. 아이는 엄마의 비언어적 표현이 진심인지 아닌지 본능적으로 알아차린다.

> "7세 미만의 어린이에게는 감정이 가장 중요한 힘이고, 그 이후에는 논리에 따라 움직인다."

세계적으로 유명한 정신분석학자며 문화인류학자인 클로테르 라파이유(Clotaire Rapaille)의 말이다. 아이는 어느 시기가 되면 부모의 사랑과 관심에 무뎌진다. 라파이유에 의하면 그 시기는 7세이다. 그때까지 아이를 움직이는 힘은 감정이다. 제스처에 담긴 감정에 따라 아이는 안심할 수도, 불안에 떨 수도 있다.

아이가 부모의 사랑과 관심을 바라는 시간은 길지 않다. 그 동안 아이들은 부모에게 거창한 것을 바라지 않는다. 일상의 작은 제스처 하나만으로도 아이는 부모의 사랑을 느끼고 긍정적 관계를 형성한다.

칭찬의 힘

왜 부모는 아이에게 자주 잔소리를 할까?

부모교육을 하며 엄마들에게 물어보았다. "우리 아이가 잘하는 것을 말해보세요." 엄마들은 서로 눈치만 살피며 대답하지 않았다. 팔불출이라 여길까봐 말을 못 하는 건지, 잘하는 것을 찾지 못해 말을 못 하는 건지, 대답 없이 웃기만 한다.

반대로 아이들에게 엄마가 무엇을 잘하는지 물어봤다. "우리 엄마는 요리도 잘하고 청소, 빨래도 잘하고, 화장도 잘해요. 힘도 엄청 세요~" 한다. 여섯 살 철수는 "우리 엄마는 맥주도 엄~청 잘 마셔요."라고 말해서 웃었다. 아이들은 엄마를 뭐든지 잘하는 만능으로 본다.

왜 그럴까?

엄마도 어릴 때가 있었다. 긴 시간 동안 학습하고 시행착오를 겪으며 배웠다. 엄마의 어린 시절을 모르는 아이 눈에는 엄마가 뭐든지 잘하는 어른으로 보일 수밖에 없다. 그런데 엄마는 개구리 올챙이 적 생각은 못 하고 아이에게 엄마처럼 잘하기를 바란다.

아이가 밥을 다 먹고 빈 밥그릇을 들어 올리며 자랑한다.

"엄마~~ 나 밥 다 먹었어."

"뭐야~~ 이게 다 먹은 거야? 밥풀이 그대로 있네, 더 싹싹 긁어먹어"

아이의 기준에서는 밥의 큰 덩어리만 먹으면 다 먹은 거다. 하지만 엄마는 밥풀 하나 없이 다 먹어야 잘 먹은 것으로 생각한다. 그래서 아이에게 칭찬 대신 꾸지람을 한다. 칭찬받으려다 꾸지람을 들은 아이의 기분은 어떨까? 기대만큼 실망이 클 것이다.

어른의 눈으로 아이를 바라보면 모든 게 부족해 보일 수밖에 없다. 그러므로 아이의 눈높이에서 바라보고, 아이가 노력하는 모습이 보이면 칭찬해주어야 한다. 그러면 아이는 칭찬받고 싶어 더욱 노력한다.

"엄마, 나 방 정리했어."

"이게 정리한 거야? 장난감도 그대로고. 먹은 과자 봉지는 쓰레기통에 버려야지."

엄마는 그 말이 기특해서 칭찬해주려 방에 갔다. 그런데 도대체 뭘 정리했다는 건지 모르겠다. 장난감이 널려 있고, 먹다 남은 과자도 뒹굴고 있다. 아이는 가방 하나만 걸어놓아도, 벗어 놓은 옷만 걸어 놓아도 정리한 것으로 생각한다. 하지만 엄마는 가방도 제자리에 놓고, 장난감도 정리해 놓고, 먹던 과자 봉지도 쓰레기통에 버려야 정리한 것으로 생각한다. 이처럼 엄마와 아이는 정리의 기준이 같지 않다.

그러면 같지 않은 기준을 어떻게 맞추어야 할까? 먼저 아이가 가방 하나만 정리했어도, 정리하려 한 의도를 칭찬해주어야 한다. 비록 완벽한 정리는 아니지만, 정리하려는 의도를 칭찬해주면 아이는 다시 정리하고 싶은 마음이 커진다.

"엄마~ 나 엄마 그림 그렸어!"
"이게 뭐야? 엄마가 괴물이야? 목도 없고 몸통도 없네. 엄마가 뚱뚱보 돼지야?"

아이가 대머리에 목과 몸통이 없는 두족인(온전한 사람의 신체를 표현하기 전, 엄마의 신체 부분 중에 얼굴, 팔, 다리와 같이 아이에게 가장 큰 영향을 주는 부위를 먼저 표현하게 된다.)을 그려왔다. 그것도 엄마를. 이때 그림이 이상하다고 나무라기보다는 그리기 대상으로 엄마를 택했다는 점을 칭찬해야 한다.

그러면 아이는 칭찬받은 게 기쁘고, 또 칭찬받기 위해서 엄마 그림을 여러 번 그린다. 그렇게 반복해서 그리다 보면 예쁜 엄마를 그리게 될 것이 분명하다. 하지만 그림이 이상하다는 핀잔을 들으면 아이는 엄마의 핀잔이 싫어서 엄마를 그리지 않을 것이다.

나는 아이들의 그림 표현에 관심이 많다. <아동 미술> 이론에서는 "언어적 발달이 완전히 이루어지지 않은 상태의 아이는 자기표현을 여러 가지 방법으로 한다. 그 방법의 하나가 그리기"라고 설명한다.

아이의 그림은 예술 감각을 표현하는 어려운 그림이 아니다. 아이는 그저 주변을 탐색하는 호기심으로 무언가를 끄적거리면서 기본적 표현 욕구를 드러낼 뿐이다. 그래서 아이의 첫 작품은 부모의 시점에서 보면 '낙서'일 확률일 높다. 그런데 이 과정이 있어야 멋진 그림을 그릴 수 있는 능력을 갖추게 된다. 어른이 보기엔 부족해 보이는 그림이라도 아이에게는 소중한 작품이다 .

유치원 시기의 아이들은 매일 같이 오리고, 붙이고, 빈 종이에 이상한 그림을 그린다. 아이는 이것을 주머니와 가방에 넣어 집으로 가져간다. 엄마, 아빠에게 쓴 그림 편지, 친구에게 받은 스티커, 친구가 써준 그림 편지, 미술 시간에 만든 알 수 없는 조형물 등은 엄마의 눈에 쓰레기로 보일지 몰라도 아이에게는 보물이다.

아침에 수빈이가 유치원에 울면서 들어온다. 어쩐 일인지 물었더니 어제 영지가 준 편지가 없어졌다고 한다. 엄마가 버렸단다. 엄마에게는 하찮을지 몰라도 아이에게는 이런 것들이 보물이다. 그러므로 아이의 물건을 버릴 때는 주인인 아이에게 허락을 받아야 한다. 효은이는 아침에 등원하며 "원장님~~ 편지요." 하며 색종이를 내미는 경우가 많다. 색종이에는 "언장미, 사랑해요."라 씌어있다. 이런 편지를 매일 여러 장 받는다. "고마워." 하면 "내일 또 써줄게요." 한다.

사실, 효은이는 글자 쓰기를 어려워했다. 일곱 살인데도 쓰기에 전혀 관심이 없었다. 그러던 어느 날 효은이가 내게 편지를 주었다. "효은이 아나조서 고마어요."라고 쓰여 있었다. 나는 너무 감격해서 꼭 안아주었다. 그리고 그 편지를 내 수첩에 붙여놓았다. 며칠 뒤 효은이를 불러서 "효은이가 준 편지가 너무 소중해서 원장님 수첩에 붙였어"라고 말하며 보여주었다. 그 뒤로 효은이는 1주일에 두세 번은 편지를 써주었다. 몇 번은 같은 내용이었지만, 점점 문장이 길어졌다. 효은이는 그렇게 글자를 배웠다.

아이의 학습 동기는 엄마의 칭찬과 격려를 통해 유발된다. 모든 학습은 아이 스스로 노력할 마음인 학습 동기가 있어야 효과적으로 이루어진다. 아이에게 이것밖에 못 하느냐고 잔소리하는 것은 아이의 학습 의욕을 꺾는 것이나 마찬가지다.

만약 엄마의 눈에 칭찬 거리가 보이지 않는다면 아이와 더 많은 시간을 보내며 칭찬거리를 찾아야한다. 이때, 엄마의 기준을 확 낮추어야 한다. 그저 아이가 웃기만 해도 칭찬할 수 있는 태도를 갖추어야 한다.

부모가 아이에게 잔소리하는 이유는 아이가 잘되기를 바라기 때문이다. 하지만 잔소리 속에는 '너는 못 해', '넌 결국 그런 아이야.'라는 부정적인 감정이 숨어 있다. 아이는 이런 부정적 감정을 잘 잡아낸다.

그러므로 우리는 아이의 행동을 평가하기 전에 아이의 숨은 의도를 발견하여 칭찬해야 한다. 그래야 칭찬거리가 많이 생기고 칭찬 받는 아이는 더 잘하기 위해 노력한다.

아이들은 무한한 잠재력을 가지고 있다. 그러나 정작 내 아이의 잠재력은 잘 보지 못한다. 아이의 잠재력은 끌어내 주지 않으면 절대로 보이지 않는다. 아이의 잠재력을 끌어내는 것은 칭찬과 격려다. 지금 내 아이에게 얼마나 칭찬과 격려를 하고 있는지 되돌아보자.

비교는 싫어요

　　승지 엄마는 감기에 걸린 승지를 데리고 소아과를 찾았다. 환절기인 탓에 어린 환자들이 많았다. 대기실에서 진료 순서를 기다리고 있을 때, 승지 또래 아이의 모습에 눈길이 갔다. 제법 두툼한 동화책을 조물조물 입술을 움직여가며 읽고 있었다.

　　승지 엄마는 아이에게 물었다.

　　"넌 몇 살이야?"

　　"여섯 살이에요."

　　엄마는 철렁 가슴이 내려앉았다. 동갑내기인 승지는 글을 읽지 못한다. 게다가 2월생이라 생일도 빠르다. 병원을 나서며 엄마는 승지의 감기보다 더 큰 걱정거리가 생겼다. 당장 학습지를 신청해 글자 공부를 시켰다.

어느 날부터 승지가 울면서 등원하는 경우가 많아졌다. 바지에 실수하기도 했다. 누구보다 유치원 생활을 잘하던 승지에게 무슨 일이 생긴 걸까. 엄마께 상담을 요청했다.

승지는 하루에 정해진 양의 학습지를 해야 했다. 엄마가 정한 규칙이었다. 밀리면 그만큼 더 많은 양의 학습지를 해야 했다. 그러다 보니 승지는 엄마와 다투는 일이 잦아졌다.

나는 엄마께 학습지를 그만둘 것을 조심스럽게 권유했다. 그러자 승지 엄마는 "하기 싫다고 안 시키면 습관이 될까 봐 걱정돼요."라고 대답했다.

승지 엄마의 말이 아주 틀린 말은 아니다. 습관이란 반복의 결과이기 때문이다. 그러나 승지에게 적합한 시기에 올바른 방향으로 학습이 이루어지고 있는지는 고민해봐야 한다. 한글 공부를 반드시 여섯 살 때부터 해야 하는지 말이다.

성장기 아이에게 교육의 중요성은 따로 거론할 필요가 없다. 그렇지만 과도한 양, 수준을 무시한 교육은 오히려 아이의 성장을 가로막는다. 음지식물에 햇살이 지나치면 독이 되는 이치와 같다. 아무리 좋은 교육 방법이라도 모든 아이에게 좋지는 않다. 옆집 아이에게 훌륭한 교육 방법이 내 아이에겐 오히려 그릇된 방법이 되기도 한다.

"첫째는 말도 잘 듣고 공부도 알아서 척척해내요. 그런데 둘째는 영 딴판이에요. 뛰어놀기만 하려 드네요. 형제를 똑같이 키웠는데, 왜 서로 다를까요?"

민수 엄마의 하소연 섞인 물음이다. 심정은 충분히 이해가 간다. 하지만 민수 엄마는 큰 잘못을 했다. 바로 '똑같이 키운' 잘못이다. 한 형제, 심지어 일란성 쌍둥이일지라도 아이들은 모두 성향이 다르다. 붕어빵틀에서 구워낸 붕어빵이라면 모를까, 자식이 모두 똑같기를 바라는 엄마의 마음 자체가 억지이자 모순이다.

남과 비교하는 것도 문제다. 왜 부모는 자신의 아이를 남의 아이와 비교하려 할까? 그 이유는 크게 두 가지다.

첫째, 부모가 교육 원칙이 없기 때문이다. 아이를 어떻게 키워야 할지 주관적 기준이 없기 때문에 주변 아이들을 기준으로 삼는다. 옆집 아이가 한글을 시작하면 내 아이도 시작한다. 또래 친구가 피아노를 배우면 내 아이도 피아노를, 영어를 배우면 내 아이도 영어를 배우게 한다. 부모의 교육 원칙이 이리저리 흔들릴 때마다 아이는 상처를 받는다.

둘째, 부모 자신의 교육 기준에 맞춰 키우려는 욕심 때문이다. 다시 말하면, 아이의 성향이나 특질과 무관하게, 부모 편에서 아이의 미래를 직접 만들어주려는 조급함 때문이다. 조급한 부모는 자신이 앞장서서 아이 교육을 이끈다. 아이는 그런 부모의 욕심을 따라가기가 벅차다.

초등학교 1학년이 되면 유치원과 달리 성적으로 아이들을 평가한다. 물론 요즘은 시험이 사라지고 있긴 하지만 말이다. 유치원에서 하는 두루뭉술한 관찰기록과 같은 평가는 남들과 비교가 어렵다. 그런데 초등학교에서는 남과 비교할 수 있는 기준이 나온다. 당연히 엄마는 아이의 시험 성적에 민감해진다. 오죽하면 '초등학교 성적은 엄마 성적'이란 말이 나오겠는가.

아이가 받아쓰기를 보고 신이 나서 집에 들어온다.

"엄마, 엄마, 나 받아쓰기 90점 받았어."
"잘했어. 그런데 하나는 뭘 틀렸어? 아깝다. 하나만 맞으면 100점인데~ 그런데 철수는 몇 점이야? 영희는?"

아이는 90점 맞은 것에 초점을 맞추지만, 엄마는 하나 틀린 것에 초점을 맞춘다. 게다가 90점이 잘한 건지 못한 건지 판단하기 위해 다른 친구들의 점수를 살피려 한다. 엄마는 아이를 독려하기 위해 이런 질문을 한 것이겠지만, 아이는 엄마의 질문에서 부정적인 감정을 느끼고 실망하게 된다.

OECD 국가 중 교육열 1위가 바로 우리나라다. 교육비 지출 또한

1위다. 아이의 학원비를 벌기 위해 엄마가 야간 아르바이트를 하는 나라는 아마도 우리나라밖에 없을 것이다.

OECD 국가 중 부모의 교육열은 1위지만, 아동·청소년 행복지수는 꼴찌다. 자녀에 대한 부모의 관심이 이렇게 높은데 자녀는 행복하지 않단다. 왜 그럴까? 이런 질문에 대부분 부모는 다음과 같이 말한다.

"요즘 애들은 할 것이 많아서 놀 시간이 없어요."
"애들이 불쌍해요."

아이가 행복하지 않다고 말하는 이유는 무엇일까? 아이가 행복하지 않다는 걸 알면서도 그 길을 걷도록 강요하는 이유는 무엇일까? 세상이 변했는데도 공부밖에 성공의 길이 없다는 생각에 매여 있기 때문이다.

하지만 오늘날은 공부가 아니더라도 성공할 수 있는, 아니 행복하게 살 방법이 무궁무진하다. 그런데도 공부로 성공하는 몇몇 아이를 위해 많은 아이가 행복하지 않은 시간을 보내고 있다.

이렇게 우리의 교육은 행복한 삶에 대해 궁리하지 않고 오로지 성공에만 목표를 두고 있다. 게다가 교육이 지식을 쌓는 데만 집중되다 보니 많은 폐해를 낳고 있다.

이 세상에 똑같은 아이는 한 명도 없다. 재능도 다르고 좋아하는 분야도 다르다. 그렇기 때문에 성공의 길 또한 다양하다. 하지만 부모는 자신이 가보지 않은 길이고, 해보지 않은 방법이라며 아이의 도전을 막는다. 그리고 부모가 성공의 길이라고 정한 그 길을, 아이가 걷도록 강요한다. 부모는 아이가 그 길을 벗어나지 않도록 감시하고 점검하는 것을 부모 노릇이라고 생각한다. 하지만 아이는 부모의 그런 노력이 전혀 달갑지 않다.

　자녀를 성공시킨 부모들은 하나같이 "나는 아이에게 공부하라고 강요한 적이 없다"고 말한다. 그렇다. 부모의 역할은 어디까지나 아이의 성공을 위해 격려하고 지원하는데 그쳐야 한다. 부모가 원하는 방향으로 아이를 끌고 가려 하다보면 부모와 아이 모두 불행해진다.

부정적 기대의 말

"어차피 안 될 거예요."

일곱 살 명주가 입버릇처럼 하는 말이다. 이유를 물으면 번번이 부정적 반응부터 보인다. 친구들이 어떤 제안을 해도 명주의 태도는 한결같다.

"어차피 우린 그거 안 돼."

'어차피'에 '안 돼'라는 단어를 더하면 '포기'가 된다. 명주는 포기의 명수다. 포기를 되풀이하다 보니 무기력한 모습마저 보인다. 명주의 무기력은 타고 난 기질일까? 그렇지 않다. 무기력한 마음도 학습의 결과다. 의욕을 꺾는 상황이 반복되면서 체득된 심리적 방어기제다.

아이를 무기력하게 키우고자 하는 부모는 없다. 부모는 아이가 적극적이고 능동적으로 성장하길 기대한다. 그러나 부모의 의도와는 달리 무기력에 빠진 아이들이 많다.

부모는 무기력의 원인을 아이에게서 찾으려고 하지만, 사실 원인은 부모에게 있다. 부모가 무심코 던진 말들이 쌓여 아이를 점점 무기력의 늪으로 빠뜨리기 때문이다.

심리학자 에릭 번(Eric Berne)은 '상호교류분석 이론체계'를 창안했다. 인간은 사회적 상호 교류를 통해 성장한다. 다른 사람과 교류하며 심리적 갈등을 빚기도 하고 해소하기도 한다. 이러한 상호관계와 대화의 방식을 분석하여 원인을 찾는 방법이 교류분석(TA)이다.

에릭 번에 의하면, 아이는 출생에서 5년간 부모의 영향 안에서 자아를 형성한다. 부모의 말과 행동을 듣고 보면서 모방하고 학습한다. 이러한 과정의 결과가 아이의 현재 모습이다. 따라서 부모가 어떠한 말을 하였는지, 무슨 행동을 보였는지에 따라 아이의 현재가 결정된다.

'나는 어떤 방식으로 자녀와 소통하는가?'

에릭 번은 아이의 잠재력 발현에 부모의 언어를 중요하

게 꼽았다. 부모는 두 가지의 언어 패턴을 지니고 있다. '디스카운트(discount) 언어'와 '스트로크(stroke) 언어'가 그것이다.

디스카운트 언어는 존재가치를 인정하지 않고 열등감, 수치심, 모욕감을 느끼게 하는 언어를 말한다. 부모의 디스카운트 언어는 아이의 의욕을 꺾는다. 이런 언어를 반복해 들으면 아이는 부정적 마음을 품게 된다. 작은 일에도 민감하게 반응하고, 쉽사리 좌절하고, 우울감에 빠져든다.

반대로 스토로크 언어는 존재 가치를 인정하고 격려해주고 칭찬해주는 고무적인 언어다. 아이가 스트로크 언어를 충분히 들으면 단단한 마음이 생긴다. 단단한 마음은 심리적 면역력을 높여 부정적 감정을 경험하더라도 크게 상처를 받지 않게 한다.

명주는 왜 "어차피 안 돼요."라고 습관적으로 말할까. 오래전부터 디스카운트 언어에 노출돼 부정적 마음이 자리 잡았기 때문이다. 이 때문에 명주는 무기력하고 쉽사리 좌절하게 됐다.

아이는 왕성한 호기심으로 세상의 지식을 배워 나간다. 그런데 부모는 아이의 호기심을 일깨워주기는커녕 차단하기 위해 애쓴다. 위험할까 봐, 일을 망칠까 봐, 힘에 벅찰까 봐 걱정해서다. 그래서 아이가 나서기 전에 일을 대신 처리해준다. 그러면 아이는 호기심을 채우려 노력하기보다는 '편안함'에 안주한다.

그런데 아이가 크면 부모의 태도가 돌변한다. "이제 다 컸으니 네

방은 네가 정리해야지.", "이제 언니니까 혼자 밥을 먹어야지." 하며 다그친다. 하지만 아이는 부모의 바람을 행동으로 옮기지 못한다. 방을 정리하는 방법도, 혼자 밥을 먹는 일도 제대로 배운 적이 없기 때문이다. 그러면 부모는 "네가 그렇지. 하긴 뭘 해."라며 또다시 대신 나서서 해결해준다. 아이는 자신이 할 일을 대신 해주는 부모에게 고마움을 느끼기보다는 디스카운트 언어에 상처받아 부정적 마음을 지니게 된다.

이렇듯 실패에 대한 반응으로 디스카운트 언어를 자주 듣게 되면, 아이는 그 말대로 행동하게 된다. 즉, '나는 그것도 못 하는 아이', '난 어차피 못 하는 아이'가 되고 만다.

인간은 실패를 통해 성장한다. 실패 후 다시 도전하는 것은 커다란 용기가 필요하다. 누군가는 한 번의 실패로도 좌절하지만, 누군가는 번번이 용기를 내어 다시 도전한다. 이 차이는 어디에서 오는 걸까?

"잘 할 수 있어. 응원할 게."
"최고다. 멋지다"
"괜찮아. 다시 도전하면 되는 거야"
"엄마는 항상 네 편이야."

이러한 긍정적인 말을 습관적으로 들은 아이는 실패해도 다시 일어서는 힘을 갖추게 된다.

"아이는 믿어준 만큼 자란다."는 말이 있다. 부모에게 "너는 알아서 잘하니까 믿을게"라는 말을 자주 들은 아이는 그 말대로 하려 노력한다. 물론 노력한다고 해서 늘 좋은 결과를 낳지는 못한다. 그렇지만 결과가 어찌 되었든 하고자 하는 마음으로 실천했다는 것이 중요하다.

'낙인 효과'라는 말이 있다. 낙인 효과는 둘로 나눌 수 있다.

첫째는 부정적인 낙인이 찍힌 사람은 실제로 부정적 행동을 하게 된다는 스티그마 효과다.

둘째는 실제의 모습보다 긍정적인 평가를 받으면 그것에 걸맞게 긍정적 행동으로 옮긴다는 피그말리온 효과다.

부모는 말로 아이에게 낙인을 찍는다. 스티그마 효과와 피그말리온 효과 중 어느 쪽을 택할 것인가는 전적으로 부모에게 달려있다.

칭찬하려고 마음먹으면 매일 칭찬할 일이 생긴다. 그러나 어쩌다 생긴 결과만 칭찬하려면 칭찬 거리가 없다. 그러므로 노력하는 모습 자체를 칭찬해야 한다. 그렇게 하면 늘 칭찬 거리가 생긴다.

아이들은 이 세상을 살아가기 위해 끊임없이 배우고 도전해야 한다. 이럴 때 '엄마의 말'이 큰 힘을 준다면, 당신은 어떤 말을 할 것인가?

둘째 마당

아이의 일은 아이와 함께 결정

"유치원 입학 상담이 가능할까요?"

"이사 오셨나 봐요?"

"아니요. 유치원을 옮기고 싶어서요."

어느 해 3월 말쯤 한 엄마가 유치원에 상담을 왔다. 우리 유치원과 얼마 떨어지지 않은 유치원을 중도에 그만두고 옮기고자 했다. 여섯 살 남자아이는 입을 꾹 다문 채 엄마의 치맛자락을 잡고 뒤로 숨어 있었다.

"입학한 지 한 달도 채 되지 않는데, 왜 유치원을 옮기세요?"

"우리 아이는 그 유치원과 맞지 않는 것 같아요."

엄마는 한숨을 한 번 크게 쉬고는 불만을 한참 동안 털어놓았다.

불만의 요점은 아이가 유치원에서 특별한 대접을 받지 못했다는 것이었다. 가정에서 귀한 대접을 받는 4대 독자이므로 유치원에서도 그러하길 바랐던 모양이다. 엄마의 이야기를 함께 듣던 아이는 볼멘소리로 말했다.

"난 ○○유치원 좋은데……."

아이의 볼멘소리에 엄마는 답답하다는 표정으로 아이를 쳐다보았다.

유대인 교육 하브루타를 연구하는 전성수 교수는《복수 당하는 부모들》이란 책에서 부모를 스토커에 비유했다.

"한국의 부모는 자식을 스토커처럼 사랑하는 경우가 많다. 스토커는 상대방이 싫어함에도 불구하고 계속 자기 사랑을 강요하는 것을 말한다. 자녀는 그것을 사랑이라고 생각하지 않는데, 부모는 그것이 사랑이라면서 자녀에게 계속 요구하고, 부모가 바라는 방향으로 끌고 가고자 한다. 이것이 스토커 사랑이 아니고 무엇인가?"

상담을 요청한 엄마 또한 스토커 사랑을 하고 있었다. 아이는 지금 다니는 유치원이 좋다는데 엄마는 싫단다. 아이의 일인데도 엄마 마음대로 결정하려 한다.

물론 아직 생각이 미숙한 아이보다 부모의 판단이 더 옳을 수 있다. 하지만 아이의 일을 아이와 아무런 상의 없이 결정하는 것은 잘못이다. 자기 일에 대한 결정권이 없다는 것은 아이에게 정말 슬픈 일이다.

아이는 사회적 지식과 경험이 부족하기 때문에 무언가를 선택해야 하는 상황에서 올바른 선택을 하기가 어렵다. 그러므로 올바른 선택을 할 수 있는 능력이 생기도록 다양한 경험을 해야 한다. 특히, 아이가 직접 선택하고, 실천하고, 결과를 받아들이는 경험이 필요하다. 이 경험을 통해 아이는 많은 능력이 향상된다.

첫째, 집중력이 향상된다. 산만하고 집중력이 떨어지는 현상은 자신이 원하지 않는 무엇인가를 할 때 주로 나타난다. 아무리 집중력이 부족한 아이라도, 자신이 좋아하는 일에는 자연스럽게 집중력이 생긴다.

둘째, 능동적인 참여를 한다. 부모가 시키는 대로 하는 수동적인 아이들은 자신이 무엇을 원하는지조차 모르는 경우가 많다. 그러므로 아이에게 선택권이 주어졌을 때 스스로 고민하여 결정하는 경험이 필요하다. 그래야 왜 이것을 해야 하는지, 어떻게 해야 하는지를 알고 능동적으로 참여할 수 있다.

셋째. 모든 일에 능률이 오른다. 누가 시켜서 억지로 한 일과 스스로 선택해 실천한 일의 결과는 다르다. 아이의 결정이 탁월했을 때, "멋진 선택이었네." 하고 부모가 반응해주면 아이는 기꺼이 또 다른 도전을 하게 된다.

넷째, 자신이 선택한 일에 책임감을 느끼게 된다. 아이가 처음에는 스스로 원해서 하다가 중도에 포기하는 경우가 있다. 이런 상황조차도 좋은 교육의 기회가 된다. 자신이 선택한 일에는 책임감이 따른다는 교훈을 얻게 되기 때문이다. 아이는 어느 정도 책임감이 주어져야 선택에 신중하게 된다.

무엇을 입을지, 어떤 책을 읽을지, 누구와 놀지, 무엇을 갖고 놀지, 얼마나 놀지, 언제 공부할지 등등 아이는 하루에도 수십 번 선택의 상황을 맞이하게 된다. 선택은 아이가 성장할 기회이다. 부모의 노파심으로 선택의 기회를 빼앗는 일은 없어야 한다.

항상 씩씩하게 등원하는 혜영이의 표정이 좋지 않다.

"혜영아, 무슨 일이야? 속상한 일이 있니?"

냉큼 달려가 안아주었더니 울음을 터뜨렸다. 현관 앞을 보니 혜영이 엄마가 화난 표정으로 혜영이를 쏘아보고 있었다. 아침부터 한바탕 실랑이가 벌어졌던 모양이다.

"더워서 머리를 묶고 가라고 하는데 곧 죽어도 싫다고 고집을 부리네요."

엄마의 말에 혜영이가 입술을 삐쭉거리며 말했다.

"그래서 엄마가 나 머리 때렸어요."

엄마가 머리를 묶어주다 말을 안 들어서 쥐어박은 듯했다. 혜영이는 그것이 서러워 목소리 높여 울었다. 잘 달랠 테니 염려 말라고, 엄마를 보낸 후, 혜영이와 이야기를 나눴다.

"왜 머리가 풀고 싶었어?"

"어제 민경이가 머리 풀고 오니까 선생님이 예쁘다고 해줬어요."

"아~~~, 우리 혜영이도 머리 풀고 와서 선생님께 예쁘다는 말을 듣고 싶었구나."

아이의 선택에는 다 이유가 있다. 어른도 그렇다. 미용실에서 머리를 하고 나서 미용사가 아무리 예쁘다고 해도 내 마음에 들어야 예쁜 거다. 옷을 살 때도, 신발을 살 때도 그렇다. 아이도 다르지 않다.

엄마는 딸을 사랑하는 마음에 혜영이가 더울까 봐 머리를 묶어주려 했다. 그런 마음을 몰라주니 엄마는 속상했다. 그러나 머리를 묶지 않아 더운 경험을 하게 되는 것은 엄마가 아니라 혜영이다. 머리를 풀어 더운 경험을 해봐야 묶었을 때 시원함을 안다. 엄마가 굳이 머리를 때리며 야단치지 않아도 아이가 더우면 스스로 묶겠다고 할 것이다.

몇 년 전에 5살, 7살 예쁜 자매가 유치원에 다녔다. 두 딸을 데려다주며 엄마는 하소연했다.

"바쁜 아침에 매일 옷 갖고 싸워요."

어느 가정에서나 일어나는 일들이다. 아이가 입고 싶은 옷을 입도록 두라고 조언했다.

며칠 뒤 아침, 자매가 들어섰다. 작은 아이인 선영이의 패션을 보고 한참을 웃었다. 여름인데 겨울 웃옷과 여름 치마에 바캉스 모자를 쓰고 장화를 신고 있었다. 그 뒤에서 엄마는 창피하다며 얼굴을 가렸다. 나는 엄마가 들으라고 일부러 큰 소리로 말했다.

"선영아~ 멋지다. 그런데 여름에 이 웃옷은 더울 것 같다. 더우면 말해줘~"

같은 반 친구가 "너는 비도 안 오는데 장화를 신었냐?"라고 말했다. 선영이는 "치~" 하며 입을 삐죽거렸다. 다음날 선영이는 겨울옷을 입지 않았다. 장화도 신고 오지 않았다. 그렇게 엄마는 아이의 뜻에 따라 내버려 뒀다. 2년 후 만난 엄마는 말했다.

"큰 아이는 초등학교 2학년인데도 항상 옷을 챙겨줘야 해요. 스스로 할 때도 됐는데도 말이에요. 하지만 둘째 선영이는 손이 안 가요. 자기가 입을 옷을 전날에 미리 챙겨놓는답니다."

"어머니, 2년 전에는 선영이 때문에 힘들어하셨어요."

"제가 그랬나요?"

아동 정신 분석가인 에릭슨(Erikson)에 의하면, 아이는 3~4살 정도가 되면 호기심과 자기주장이 생긴다고 한다. 아이는 호기심을 채우

둘째 마당

기 위해 주변을 탐색하고 경험한다. 이런 기회를 통해 채워진 만족감은 아이에게 주도성이란 긍정적 정서를 생기게 한다. 하지만 부모의 눈에는 아이의 행동이 위험스럽게 비친다. 부모는 아이에게 '힘들다, 어렵다' 등 갖은 이유를 대며 아이의 호기심을 막고자 한다. 이렇게 호기심이 꺾인 아이는 좌절이란 부정적 정서가 생긴다.

아이들은 절대 나약하지 않다. 아이들은 타고난 기질에 맞게 자기생각을 키워나간다. 아직 온전한 사고력을 갖추지 못했지만, 경험을 통해 조금씩, 조금씩 생각을 키운다. 아이에게 정말로 큰 위험이 닥치는 경우가 아니라면, 부모의 개입은 아이의 성장에 방해가 된다.

아이도 자기 일을 선택하고 결정할 기회를 주어야 한다. 그래야 아이는 존중받는다고 느끼고, 독립적인 아이가 될 수 있다.

한 아이가 온 힘을 다해 껍질을 벗고 나오려는 나비를 보고 있었다. 아이는 그런 나비의 모습이 너무 안쓰러워 나비가 쉽게 나올 수 있도록 가위로 번데기의 껍질을 잘라주었다. 나비는 번데기에서 쉽게 나올 수 있었으나 날갯짓을 몇 번 하더니 곧 쓰러져 죽었다.

나비는 왜 죽은 걸까? 나비는 번데기 껍질에서 나오려고 애쓰는 동안 날개의 근육이 단련되어 하늘을 날 힘이 생긴다. 그런데 아이는 그런 힘을 키울 기회를 없앴다. 결국 나비를 죽게 만든 것이다.

부모는 아이를 사랑하는 마음에 부정적인 경험을 모두 대신해준다. 또, 부정적 영향이 미칠까 대신 결정해준다. 그러나 부모의 이런 마음이 아이를 더 큰 좌절에 빠지게 만든다. 그러므로 아이의 선택을 믿고 기다려야 아이가 긍정적으로 성장하게 된다.

엄마가 변해야 아이가 변한다

"주희 왔어요."

뽀글뽀글 짧은 파마머리 주희를 보면 옛날에 유행했던 양배추인형이 생각난다. 통통하고 뽀얀 얼굴에 발그레한 볼이 귀여운 주희는 씩씩한 여장부 같다. 어디서나 당당하게 자신의 존재를 알린다. 거기에 높은 '솔'톤의 목소리가 주희의 매력 포인트. 그런 주희가 귀여워 선생님과 친구 모두가 주희에게 자꾸 말을 건다. 그런데 어느 날 한 엄마가 아이를 데리러 오셨다.

"아이를 데리러 왔어요."

아이의 이름을 말하지 않았어도 주희 엄마임을 대번에 알 수 있었다. 주희와 똑같은 모습, 똑같은 목소리였기 때문이다.

"부모의 행동은 자녀에게 큰 영향을 준다. 부모가 어떤 옷을 입고, 어떤 사람에게 어떤 식으로 말하며, 즐거움과 불쾌함을 어떻게 표현하고, 다른 사람들과 어떻게 대화하는지, 또 어떻게 웃고 어떤 책을 읽는지가 모두 자녀에게 교육적으로 큰 의미가 있다."

러시아의 교육자 비고츠키(Vygotsky)의 말이다. 쉽게 말해 '아이는 엄마의 거울이다'라는 의미다. 아이는 부모의 말투와 행동부터 먹는 것, 입는 것, 생각하는 것, 관심 있는 것, 취미와 특기까지 모두 따라 한다.

직업도 마찬가지다. 연예인 집안에서는 연예인 자녀로, 의사 집안에서는 의사 자녀로, 예술가 집안에서는 예술가 자녀로 자랄 확률이 높다. 비고츠키의 이론도 이를 뒷받침한다.

두 딸이 중학생 때였다. 딸들을 데리고 주말이면 보육원으로 봉사를 다녔다. 2살에서 5살까지의 아이들을 만나 3, 4시간씩 놀아주었다.

처음에는 딸들이 보육원 아이들을 어색해했다. 하지만 자주 만나다 보니 동생들 애교에 푹 빠졌다. 동생들의 이름도 외우고 성향도 알기 시작했다. 집에 와서는 자매가 동생들과 놀았던 일로 이야기꽃을 피우기도 했다. 봉사 전날에는 무엇을 가지고 놀아줄 것인지 계획도 세웠다.

딸들은 차츰 동생들에 대해 궁금한 점이 많아졌다. 이 놀이가 5살에게 가능한지, 민수가 왜 그런 행동을 했는지, 아이들은 어떤 놀이를 좋아하는지, 아이가 떼를 쓰고 울 때는 어떻게 해야 하는지 등등.

특히 큰딸은 유아 교육에 관심이 커졌다. 그래서 별다른 고민과 갈등 없이 유아교육학과로 진학하게 되었다. 이처럼 부모가 보여주는 대로, 경험한 대로 아이들은 자연스럽게 자신의 삶을 만들어간다.

부모는 겉으로 보이는 모습부터 가치관에 이르기까지 아이의 삶에 많은 영향을 미친다. 부모의 작은 습관부터 무의식 속의 깊은 마음의 상태까지 아이에게 연기처럼 스며든다.

비고츠키의 이론에 의하면, 부모는 있는 그대로의 삶을 아이에게 보여주면 된다. 그러나 현실은 어떠한가. 부모는 아이의 행동을 바르게 가르치기 위해 명령하고 지시한다. 그러나 강압적으로 해서는 아이가 말을 들을 리 없다. 결국 "내 말은 안 들으니 선생님이 가르쳐주세요."라고 포기 선언한다.

이게 다 부모의 욕심 때문이다. 부모는 아이에게 보여준 모습 이상을 기대한다. 그래서 자신이 갖추지 못한 습관과 생각을 아이에게 가르친다. 아이로선 명령과 지시만 있을 뿐, 배울 모델이 없으니 못하는 것이 당연하다. 아이에게 손을 씻고 음식을 먹어야 한다고 수십 번 말해도 습관이 되지 않는다.

"엄마는 손 씻고 밥 먹을 건데 너도 씻을래?"

이렇게 부모가 먼저 모범을 보여야 아이가 따라 한다. 물론, 어쩌다 한 번쯤은 부모가 말만 해도 실천할 때가 있다. 그러나 부모가 손을 씻고 식사하는 습관이 없다면, 아이는 그때 한 번만 말을 들을 뿐, 습관으로 정착하지는 않는다.

책 읽는 습관도 그렇다. 아이에게 독서 습관을 길러주기 위해 거실 벽을 온통 책장으로 꾸미는 것이 유행이다. 그러나 책이 많다고 해서 아이가 책 읽는 습관을 지니게 되지는 않는다. 다량의 책보다는 책 읽는 분위기를 조성하는 것이 더 중요하다.

이뿐만이 아니다. 아이가 TV 보는 게 싫으면 부모도 TV를 보지 말아야 한다. 아이가 핸드폰 게임을 하는 것이 싫으면 부모도 하지 말아야 한다. 아이가 부지런히 행동하기를 원한다면 부모도 부지런해야 한다. 아이가 편식 없이 밥을 잘 먹기를 바란다면 부모도 그래야 한다. 형제간 다툼이 없기를 바란다면 부부간에 다툼도 없어야 한다.

인도의 지도자 간디는 "내 삶이 곧 내 메시지다."라고 말했다. 아이가 바른 습관과 올바른 인성을 갖고 살기를 원한다면, 부모 스스로 그런 삶을 살도록 노력해야 한다. 반대로 아이가 부모처럼 살지 않기를 바란다면, 자녀를 둔 순간 자기 삶의 태도를 바꿔야 한다.

아이들은 부모의 부정적인 모습을 보며 '나는 저렇게 살지 말아야지.' 하고 마음먹는 경우가 많다. 하지만 마음과는 달리 성인이 되면 그와 비슷한 삶을 사는 경우가 많다. 그러므로 부모는 자신의 삶이 아이에게 어떤 메시지를 던지는지, 아이는 그것을 보고 무엇을 배우는지 깊이 생각해봐야 한다.

수용과 공감으로
아이와 소통

나는 자녀 양육에 소소한 고민은 했어도
큰 고민은 하지 않았다. 나는 이게 모두
대화 덕분이라고 생각한다. 짧게나마 아이들과
나누었던 대화가 서로를 이해하고 끈끈한 관계를
맺는데 도움이 됐다고 생각한다.

일곱 살 지우는 표정이 없다. 좋거나 나쁘거나 기쁘거나 화가 날 때도 딱히 감정을 드러내지 않는다. 반면 지우 엄마는 성격이 급하고 감정 표현도 분명하다. 그런 엄마의 눈에는 지우가 답답하기만 하다. 엄마는 지우의 일을 대신 해주곤 한다. 심지어 지우의 감정까지도 앞서 말한다. 그리고 지우의 마음을 알기 위해 추궁하듯 다그친다.

"했어? 안 했어?"
"속상했어? 안 속상했어?"
"친구가 너를 때렸어? 안 때렸어?"

엄마의 태도에 지우는 점점 더 말문을 닫는다. 결국 간단한 자기 생각을 묻는 질문에도 쉽게 입을 떼지 못한다.

어느 날 지우가 유치원에서 소변 실수를 했다. 처음 있는 일이었다. 그런데 선생님에게 말하지 않고 실수한 채로 집에 갔다. 아이의 답답한 행동에 엄마는 감정이 폭발했다.

"왜 말을 못해?"
"너 말 못하는 아이야? 너 혹시 바보 아니니?"

엄마는 아이에게 심한 말을 퍼부었다. 화가 나서, 속상해서, 그리고 아이를 잘못 키우고 있다는 생각에 펑펑 울었다.

세상의 모든 부모는 자식과 좋은 관계를 유지하며 잘 키우고 싶어 한다. 그런데 상담을 해보면 부모와 자녀가 기질 차이 때문에 갈등을 일으키는 경우가 많다. 서로 기질이 달라서 생긴 갈등이라는 것을 이해하지 못하면, 점점 걷잡을 수 없는 어려움에 빠진다.

남과는 기질이 달라 맞지 않으면 안 보면 된다. 하지만 부모와 자식은 그럴 수 없다. 그러니 부모는 강제로라도 아이를 자신이 원하는 기질로 바꾸려 한다.

하지만 자녀의 처지에서 생각해보자. 자녀도 자신과 기질이 맞지 않는 부모 때문에 힘들다. 그런데 자식이란 이유로 부모에게 맞추란다. 자녀 입장에서는 억울한 생각이 들 수밖에 없다. 부모는 부모 나름대로, 자녀는 자녀대로 서로에게 불편하다.

이처럼 부모와 자식이 서로 불편할 때는 어느 한쪽에 일방적으로 맞춘다고 해서 갈등이 해결되지 않는다. 상대를 이해하고 서로 조금씩 양보하며 맞춰가야 탈이 없다. 이때 가장 좋은 방법이 바로 대화다.

'효과적인 대화법'에 관해 부모교육 강의를 할 때다. "자녀에게 '말'을 하세요? '대화'를 하세요?"라고 질문했다. 엄마들은 선뜻 대답을 못 했다. 그래서 '말'은 '밥 먹어라', '숙제해라', '씻어라', '이제 자'라는 등 지시와 명령이고, '대화'는 '이것이 왜 좋아?', '언제 자면 좋을까?', '무슨 반찬을 좋아해?' 하는 질문을 통해서 의사소통하는 것이라고 설명한 후, 다시 물었다. 그러자 엄마들은 서로 쳐다보고 웃으며 낮은 목소리로 "말이요"라고 대답했다.

대개의 부모는 이처럼 아이에게 '말'을 한다. 부모의 생각대로 움직여주길 바라는 일방적인 '말'이다. 거기에 아이 생각은 없다. 당연히 자녀와 좋은 관계를 기대하기는 어렵다.

"한마디의 말이 들어맞지 않으면 천 마디의 말을 더해도 소용이 없다."

중국 홍자성(洪自誠)의 저서 《채근담》에 있는 금언이다. 상대의 심정을 헤아려주지 못한 말은 숱하게 반복해도 소용없다는 뜻이다. 따라서 아이의 기질을 이해하지 못한 채 일방적인 지시와 명령을 하는 부모의 말은 잔소리에 지나지 않는다.

사람들은 흔히 내 가족은 항상 내 편이며, 늘 나를 이해하고 받아줄 거란 마음을 갖는다. 그래서 격의 없이 대화하다 보면 서로에게 상처를 줄 때가 있다. 이렇게 상처를 주는 일이 잦아지고, 상처가 깊어지면 오히려 남보다 못한 사이가 되기도 한다. 그러므로 가족이라는 울타리 안에서도 존중이 필요하다. 그렇다면 서로 존중하는 대화란 어떤 대화일까?

"우리, 언제 밥 먹을까?"
"다음에는 무엇을 하면 좋을까?"

아이의 생각을 존중한 질문이다. 부모가 아이를 일방적으로 밀어붙이지 않겠다는 뜻이 담겨있다. 나아가 서로의 생각을 맞춰가겠다는 뜻이 담겨 있다. 일방적 지시와 명령이 아니므로 아이를 기분 나쁘게 만들지 않는다. 오히려 '나를 존중하고 있구나.' 하고 아이는 느낄 것이다.

중이 제 머리 못 깎는다던가. 유아교육을 전공했고 현장에서 25

년을 지낸 교육 전문가임에도, 나 역시 자녀 양육에 어려움을 겪었다. 무엇보다 워킹맘이기에 다른 엄마들처럼 여유롭게 아이들과 시간을 보내지 못했다. 퇴근하고 돌아오면 저녁 식사 준비와 미뤄둔 집안일에 몸이 먼저 갔다. 다른 엄마들처럼 아이들의 숙제를 여유롭게 살피거나 아이들의 일거수일투족을 챙길 여유가 없었다. 집에서도 이렇게 바쁘니 아이의 친구 엄마들과 모임 한 번 갖지 못했다. 지금도 아이에게 소홀했던 것이 마음 한편에 미안함으로 남아있다.

그래도 자식을 키우며 가장 고비라는 사춘기도 힘들지 않게 넘겼다. 또한 자녀 양육에 대해 소소한 고민은 했어도 큰 고민을 한 적은 없었다. 지금도 자식에 대한 큰 걱정은 없다. 나는 이게 모두 대화 덕분이라고 생각한다. 여유롭게 아이들 얼굴을 쳐다볼 시간은 부족했지만, 짧게나마 아이들과 나누었던 대화가 서로를 이해하고 끈끈한 관계를 맺는 데 도움이 됐다고 생각한다.

아이들과 대화할 때는 훈계하고 가르치지 않으려 노력했다. 아이들이 신나게 자신의 이야기를 하다가도 내가 "그러면 안 되는 거야.", "이럴 때는 이렇게 해야 해"라고 하면 마음의 문을 닫아버렸기 때문이다.

그렇지만 단번에 달라지진 않았다. 어느 틈엔가 훈계를 했고, 대화가 어색하게 끊기기도 했다. 어떨 때는 즐겁게 시작한 대화가 서로 상처를 준 채 끝나기도 했다. 그때마다 반성하고 고치려 노력했다.

이제는 대화가 일상이 되었다. 일부러 노력하지 않아도 자연스럽게 즐거운 대화가 이어진다. 간혹, 대화 중에 훈계하더라도 아이는 상처받지 않는다. 그동안 대화로 서로에게 확고한 믿음이 생겼기 때문이다.

어느 날 둘째 아이가 학교 친구 이야기를 꺼냈다. 친구는 엄마의 집착에 가까운 간섭으로 죽고 싶다고 했단다. 친구의 상황을 걱정하며 대화를 이어갔다. 이야기 끝에 아이가 말했다.

"나처럼 엄마와 친한 아이는 많지 않더라고."

참으로 고마운 말이었다. 그동안의 노력을 한꺼번에 보상받는 기분이었다. 이제는 아이들과의 관계가 너무 편하다. 아이들도 그렇게 말한다. 이런 관계를 만들어 준 힘이 효과적인 대화이다.

효과적인 대화는 쉽지 않다. 너무나 많은 요소에 영향을 받는다. 그 요소들을 짚어보며 효과적인 대화의 기술을 살펴보고자 한다.

경청 : 소통은 '들어주기'에서 출발

　"어떻게 걔가 나한테 그럴 수 있니? 내가 얘한테 어떻게 한 줄 너도 알지?" 친구가 이른 아침부터 전화를 걸어 아이에 대한 속상한 마음을 털어놓기 시작했다.

　아이가 '엄마는 몰라도 돼' 하며 방문을 요란하게 닫고 들어갔다고 했다. 그래서 친구는 '무슨 일이냐', '엄마한테 어떻게 그렇게 말할 수 있느냐'고 다그치며 화를 냈다고 했다. 하지만 아이가 대꾸하지 않자 친구는 방법을 바꿨다고 했다. '엄마 마음이 슬프다.', '엄마가 너를 얼마나 사랑하는데……'라며 감정에 호소한 것이다. 그러나 아이의 반응은 차가웠다고 했다.

　친구는 늦은 나이에 결혼해 어렵게 딸을 낳았다. 그래서인지 자신의 삶을 희생해 가며 좋은 엄마가 되려고 최선을 다했다. 하지만 아이는 엄마의 그런 노력에 대한 보답은커녕 엄마에게 말하고 싶지 않다고 하니 엄마로선 당연히 안타깝고 서운했을 것이다.

"아무래도 사춘기가 온 거 같아."

친구는 스스로 아이의 행동을 진단했다. 물론, '사춘기'의 아이들은 부모에게서 독립하려는 경향이 강하다. 부모의 판단에 의지하던 아이가 스스로 판단하고 결정하려 든다. 그렇다고 모든 아이가 부모와 벽을 치듯 차갑게 행동하진 않는다.

아이가 방문을 닫아가며 부모의 말을 들으려 하지 않는 데는 다른 이유가 있다. 여러 가지 이유가 있겠지만, 그중에서 가장 흔한 이유는 부모도 아이의 말을 들어주지 않았기 때문이다.

부모는 아이가 해야 할 행동을 지시와 명령으로 말할 뿐, 아이의 생각을 듣지 않는다. 그러다가 아이가 청소년이 되고 나서는 말 좀 하라고 아우성이다. 하지만 아이는 부모의 바람과 달리 말을 하지 않는다. 부모가 자기의 이야기를 잘 들어 줄 것이란 믿음이 없기 때문이다.

캐나다 출신 미국 심리학자 반두라(Bandura)는 《사회학습이론》에서 관찰 학습의 중요성을 거론했다. 사람의 행동은 다른 이의 행동이나 상황을 관찰하거나 모방한 결과라고 했다.

부모는 아이의 롤모델이다. 아이는 부모의 행동을 관찰하고 모방하면서 행동 양식을 학습한다. '듣기'도 마찬가지이다. 자신의 이야기를 잘 들어주는 부모의 '듣는 자세'를 모방하여 자신의 '듣는 자세'를 갖춘다.

아이가 '듣기'에 미숙하다면, 부모에게서 그 방법을 배운 적이 없거나 잘못 배웠기 때문이다. 아이의 '듣기' 훈련을 위해 부모가 '듣는 자세'를 보여줘야 한다.

먼저 아이 스스로 말하기를 즐거워해야 한다. 말하기를 제지당하거나 비판받으면 말하기는 즐거움이 아니라 고통이 되고 만다. 아이는 자기 생각을 자유롭게 말할 수 있어야 한다. 말하기의 즐거움은 들어주는 사람의 태도에 따라 달라진다. 따라서 부모가 아이의 말에 귀 기울이고 공감하는 자세가 무엇보다 중요하다.

나는 아이의 이야기를 얼마나 들어줄까? 아이의 이야기에 얼마나 공감할까? 대부분 부모는 자신이 아이의 이야기를 충분히 들어준다고 생각한다. 하지만 아이의 입장은 다르다. 부모가 온종일 명령과 지시만 한다고 생각한다.

'답정녀', '답은 정해져 있고 너는 대답만 하면 돼'라는 아이들 사이의 신조어다. 아이에게 부모는 바로 '답정녀'다. 아이는 아침에 눈을 뜰 때부터 "이거 해라, 저거 해라" 부모의 명령을 듣는다. 유치원에서도, 방과 후 학원에서도 선생님의 말씀만 듣는다. 그리고 TV 방송도 일방적으로 듣기만 한다. 그 누구도 아이의 이야기를 들어주지 않는다. 그러니 아이도 어른의 말을 듣지 않는다.

5세 아이들의 야외 체험 활동. 차를 타고 목적지로 가는 도중 민철이와 수진이의 대화를 듣게 되었다.

"우리 집에 터닝메카드 열 개 있다"

"우리 집에는 천백 개 있다."

"우리 아빠는 힘이 세."

"우리 아빠는 게임을 엄청 잘해."

"우리 할아버지가 하늘나라 가셨어."

"와~~ 엄청 좋겠다. 비행기 타고?"

"어~ 어~ 어."

혼자 킥킥대고 웃었더니, 민철이와 수진이가 나를 이상하다는 듯 쳐다봤다.

"너희들이 너무 재미있게 얘기를 해서 웃음이 나왔어"

어쩜 저리 말도 안 되는 대화를 열심히 들어주고 대답할까. 그 모습이 귀엽고 기특했다.

아이들끼리는 굳이 대화의 수준을 맞추려 노력하지 않아도 된다. 진심이 통하기에 아이들의 대화는 진지하다. 그래서 아이들은 친구나 형제가 있어야 한다. 같은 수준에서 부담 없이 나의 이야기를 들어 주는 누군가가 필요하기 때문이다.

여느 때처럼 일곱 살 영철이가 유치원 버스를 타고 집 앞에 내렸다. 혼자 내려줘도 영철이 스스로 집까지 갈 수 있다며, 엄마가 동행

하는 선생님에게 부탁까지 했다.

1시간쯤 지났을 때, 엄마에게서 전화가 걸려왔다. 영철이가 집에 오지 않았다고 했다. 같은 시간, 같은 장소에 내려줬다는 말에 엄마는 어쩔 줄 몰라 하며 울먹였다.

놀이터와 공원, 대형마트까지 선생님들이 흩어져 찾기 시작했다. 아파트 관리 사무소에서 미아 방송까지 했다. 알고 보니 영철이는 민수네 집에 있었다. 민수 엄마는 미안한 표정을 지으며 "부모한테 허락을 받았다기에 믿었죠."라고 말했다.

"말도 안 하고 친구 집에 가면 어떡해?"

"엄마는 만날 안 된다고 하잖아!"

"내가 언제 만날 안 된다고 했어?"

"난 한 번도 친구 집에 못 갔어."

"시간이 안 되니까 못 갔지."

"나도 친구네서 놀고 싶단 말이야!"

엄마는 영철이를 많이 혼냈다. 그리고 아이를 꼭 안아주었다.

"너 없어진 줄 알고 얼마나 놀란 줄 알아?"

아이를 다독이는 엄마의 눈에서 눈물이 흘렀다. 놀란 마음과 미안한 마음이 교차하였던 것 같았다.

요즘은 아이의 친구 모임도 부모가 함께하는 경우가 많다. 그러나 영철이 엄마는 다른 집에 민폐가 될까 모임에 끼지 않았다. 영철이 밑으로 갓난아이가 있기 때문이었다. 그렇게 영철이의 요구는 거부되었다. 결국 영철이는 자기 뜻대로 친구 집에 갔고, 민수 엄마에게 거짓말까지 했다.

일곱 살이면 친구에 대한 관심이 커질 시기다. 그러니 아이가 친구 집에 놀러 가고 싶은 마음은 당연하다. 영철이가 얼마나 가고 싶었으면 거짓말까지 했을까, 안타까웠다. 영철이도 엄마도 모두 이해가 되는 상황이다.

하지만 엄마의 상황으로 인해 아이의 요구가 자주 거부되면, 아이는 엄마를 '항상 안 되는 사람'으로 인식하여 마음의 문을 닫는다. 나중에 엄마의 상황이 좋아져 아이에게 다가가려 해도 마음의 문을 열기 어렵다.

아이가 방문을 닫고 대화를 포기하는 것을 어느 부모도 보고 싶어 하지 않는다. 그런 모습은 사춘기의 일시적 현상이 아니다. 불통의 벽이 서서히 쌓여서 생긴 현상이다. 따라서 부모는 아이의 말문이 트이는 순간부터 아이의 말을 '공감하는 마음'으로 진지하게 들어주어야 한다.

경청의 태도 : 엄마는 전문 방청객

"혜빈이 오늘 늦었구나. 왜 늦었어?"

"있지, 음~ 엄마가~ 음~ (침을 꼴깍) 어~ 밥을~ 어~ 안 줬어요."

"엄마가 밥을 안 줘서 늦었어?"

"어~ 그런데~ 엄마가~ 안 일어났어요."

"엄마가 늦게 일어나셨고 밥을 안 주셨어?"

"······"

다섯 살 혜빈이가 평소보다 늦게 등원한 이유가 궁금해 나눈 대화다.

나의 질문에 혜빈이는 단번에 대답을 못 했다. 아이는 침을 꼴깍 삼키기도 하고 했던 말을 반복했다. 이야기가 엉뚱한 곳으로 흘러가기도 했다. 나는 이야기 중간에 끊고 싶은 유혹에 빠지기도 했지만 참고 들어줬다. 참고 들어주는 사람이 있어야 아이도 말할 기회가 생기고 말하는 연습도 할 수 있기 때문이다. 무엇보다 들어주는 '나의 자세'를 아이가 보고 배우기 때문이다.

아직 '말하기' 훈련이 완성되지 않은 아이는 자기 생각과 느낌을 표현하기가 쉽지 않다. 마치 익숙하지 않은 외국어를 어렵사리 입 밖으로 내는 것과 같다.

우리의 외국어 교육은 듣고 말하기보다 보고 읽고 쓰는 데 초점을 맞춰왔다. 그래서 10년 넘게 외국어를 배워도 막상 외국인을 만나면 입 안으로 얼버무리고 쉽게 말하지 못한다. 말하기의 어려움은 외국인을 피하는 행동으로 이어지기도 한다. 아이와 어른의 대화도 이와 비슷하다.

아이는 어른의 질문을 빨리 이해하기 어렵다. 이해가 되더라도 알고 있는 단어를 재빨리 조합해 말하지 못한다. 조합하는 동안 '음 ~, 있지~' 하는 감탄사를 내뱉으며 시간을 끈다. 때로는 앞뒤가 맞지 않는 대답을 하기도 하고, 아예 말하기를 포기하거나 피하기도 한다.

이럴 때 부모의 반응은 굉장히 중요하다. 왜 엉뚱한 대답을 하느냐고 다그치거나, 빨리 말하라고 재촉하거나, 중간에 아이의 말을 끊어버리면, 아이는 불안감과 두려움이 생겨 말하기를 더욱 어려워한다.

혜빈이는 내 질문을 이해 못 한 것이 아니다. 다만, 어떻게 말을 시작해야 할지 몰랐을 뿐이다. 그러므로 아이가 천천히 자신의 행동을 돌아보고 그에 적합한 단어를 찾아 말할 수 있도록 도와야 한다. 어른은 '기다려 주고 끝까지 들어주는' 역할만 하면 된다.

물론, 입을 꾹 다문 채 아이의 이야기만 들어 주라는 뜻은 아니다. 네 이야기를 듣고 싶다는 뜻을 적극적으로 드러내야 한다. 이는 부모의 듣기 태도에서 나온다. 아이는 부모의 듣는 태도에 따라 반응한다. 그러므로 아이가 말하고 싶은가 아닌가는 부모의 듣기 태도에 달려있다.

경청의 자세 1 – 웃는 표정으로 눈맞춤

예쁘게 걸으며 복도를 지나가는 다섯 살 윤정이를 만났다.
"윤정아~ 점심 먹었니?"
"네~"
윤정이는 다른 곳을 응시한 채 대답만 했다. 윤정이를 멈춰 세우고 눈을 마주치며 다시 물었다.
"무슨 반찬 먹었어?"
"음~"
여전히 시선을 다른 곳으로 돌리고 대답을 못 했다. 윤정이는 눈 맞춤을 어색해한다. 말을 걸어도 시선은 엉뚱한 곳을 본다. 양손으로 윤정이의 얼굴을 잡고 눈을 보도록 돌려도 어느새 눈동자는 옆으로 돌아간다. "눈!" 하고 말하면, 윤정이는 잠시 눈에 힘을 줘 크게 뜬다. 그러나 이내 다시 풀어져 다른 곳을 응시하고 만다.

　생후 3개월이 되면 아기는 엄마의 얼굴을 알아보기 시작한다. 엄마를 보고 방긋 웃어주기라도 하면 엄마는 출산 후 힘들었던 마음이 눈 녹듯 녹아내리고 행복함을 느낀다. 그 뒤로 엄마는 아이의 웃음을 보기 위해 열심히 눈을 마주치고 말을 걸기 시작한다. 아이는 아직 엄마의 말은 못 알아듣지만, 엄마와 눈을 맞추고 표정에 집중하며 엄마의 표정을 모방하기 시작한다.

　EBS 다큐멘터리 프로에서 엄마의 '굳은 표정'을 실험한 적이 있었다. 6개월 된 아이에게 엄마가 웃는 표정을 지었다. 아이도 엄마를 보고 방긋 웃었다. 그러다 엄마는 굳은 표정을 2분 정도 지속했다. 그러자 아이의 얼굴에서 웃음이 점점 사라졌다. 그리고 얼굴을 찡그리며 시선을 피한 채 울기 시작했다. 엄마는 다시 웃는 표정을 지었다. 그러나 아이의 표정은 쉽게 달라지지 않았고 눈 맞춤도 하지 않았다.

　하버드 대학의 트로니크(Tronick) 박사 또한 같은 실험을 했다. 실험을 마친 후, 엄마의 표정이 아이의 정서적 안정 여부에 영향을 미친다고 말했다.

셋째 마당

실험에서처럼 엄마의 웃는 표정은 아이의 눈 맞춤을 유도한다. 반면에 엄마의 화난 표정은 아이가 눈 맞춤을 거부하게 만든다.

윤정이는 엄마와 갈등이 많다. 엄마가 자신을 만날 혼낸다고 투덜댄다. 하지만 엄마의 말은 다르다. 오히려 윤정이가 엄마 말을 듣지 않는다고 하소연한다. 짐작건대 엄마에게 자주 혼나는 윤정이는 엄마와의 눈 맞춤이 즐겁지 않을 것이다.

나 역시 엄마와의 눈 맞춤이 쉽지 않았다. 팍팍한 살림에 항상 바빴던 엄마는 여유롭게 우리와 대화를 나눈 적이 드물었다. 물질적으로 궁핍한 시절이었고, 형제는 많았다. 당연히 양보해야 하고 나눠야 했다. 욕심을 부리면 다툼으로 이어졌고, 이 때문에 엄마에게 많이 혼났다. 나는 혼날 때만 엄마의 눈을 보았다. 어떤 때는 엄마가 "어디 어른이 말하는 데 눈을 똑바로 바라봐." 하면서 혼냈다. 또 어떤 때는 "엄마 눈을 보고 솔직히 말해."라고 했다. 혼낼 때의 엄마 눈은 무서웠다. 그러기에 나도 윤정이처럼 '눈 맞춤'에 익숙지 못했다.

요즘은 물질적으로 풍요롭다. 형제도 많지 않다. 그런데도 엄마들은 아이들과 눈 마주칠 시간이 많지 않다. 엄마도, 아이도 할 일이 너무 많다. 아이가 엄마를 부르면 엄마는 단번에 달려가지 않는다. 하던 일을 하며 "왜?" 하는 대답만 한다. 눈을 보지 않고 하는 말은 정확한 전달이 어렵기 때문에 "뭐라고?" 하며 계속 되묻게 된다. 그러면 아이는 엄마에게 짜증을 낸다. 자신의 말을 건성으로 듣는다고 생각하기 때문이다. 아이가 짜증을 내고 울음을 터뜨리면, 그제야 엄마는 움직인다. 이런 일이 반복되면, 엄마를 찾는 아이의 방법은 짜증과 울음이 된다.

이렇게 아이가 짜증 내고 우는 원인이 엄마에게 있는데도 엄마는 아이의 짜증과 울음을 멈추기 위해 무서운 눈으로 쏘아보고 야단친다.

아이가 엄마와의 눈 맞춤에 행복함을 느끼게 하려면 엄마가 웃는 표정이어야 한다. 엄마가 웃는 표정으로 아이와 자주 눈 맞춤을 하면, 아이는 엄마의 표정을 닮게 된다. 어른, 아이 할 것 없이 모든 사람은 웃는 표정을 좋아한다. 웃는 표정은 아이의 사회성 발달에도 많은 영향을 미친다.

아이들과 이야기를 할 때, 나는 자세를 낮추어 눈높이를 맞춘다. 그리고 웃는 표정으로 말을 건넨다.

대화를 하다 보면 아이의 발음이 정확지 않아서, 목소리가 지나치게 커서, 말소리가 너무 작아서 잘 못 알아듣는 경우가 있다. 하지만 의사소통에는 별문제가 없다. 아이들의 눈을 보면 무엇을 전달하고자 하는지 보이기 때문이다.

나는 항상 아이들의 눈을 보고 말한다. 눈 맞춤이 안 되는 아이는 게임으로 눈 맞춤을 유도한다. 양손으로 아이의 얼굴을 잡고 웃긴 표정을 짓기도 하고, 눈싸움하자고 제안하기도 한다. 이렇게 놀이를 통해 눈 맞춤이 두려움이 아닌 즐거움으로 느끼게 한다. 습관적으로 눈을 보는 훈련을 반복하면, 눈 맞춤이 서툰 아이도 점점 눈을 보기 시작한다. 또한, 눈을 보고 말하는 연습을 자주 하다 보면, 특별한 정서적 문제가 있지 않은 이상 아이는 눈 맞춤을 잘하게 된다.

윤정이가 바로 그랬다. 눈을 보기 시작하면서 표정도 한결 밝아졌다. 자신의 감정이 잘 전달되니 표정이 밝아질 수밖에 없다.

경청의 자세 2 - 긍정적 반응하기

만약 다른 사람이 나의 눈을 똑바로 바라보고 아무 반응 없이 나의 이야기를 듣는다고 생각해보자. 어떤 느낌이 들까? 말하는 사람의 머릿속에는 '저 사람이 내 이야기를 듣는 거야? 안 듣는 거야?' 하는 의심이 들 것이다. 이런 의심이 앞서면, 말하고 싶은 마음이 사라진다. 그러므로 청자의 반응은 중요하다. 중간중간 말하는 사람에게 당신의 말을 잘 듣고 있다는 메시지를 보내야 한다.

유치원에서 이야기 나누기 시간은 선생님의 질문에 아이들이 자기 생각을 발표하는 시간이다. 선생님은 수업 주제에 따른 질문을 아이들에게 던진다. 그리고 아이들이 자기 생각을 표현하면 긍정적인 반응을 보인다.

"멋진 생각이다."
"오~ 그럴 수도 있겠네."

선생님의 질문에 아이들은 습관적으로 "저요, 저요!" 하며 손을 든다. 하지만 앞에 나와 자기 생각을 말하라고 하면 부끄러워한다. 그래도 어떻게든 용기 내어 말한다. 이때 선생님이 "좋은 생각이야.", "멋진 생각인데."라고 칭찬하면 아이는 자존감이 높아지고 말하기에 자신감이 생긴다.

만약 아이가 이야기 주제와 다른 엉뚱한 대답을 하더라도 선생님은 부정적 반응을 보이지 않는다. "틀렸어.", "그거 아니야" 같은 반응 대신 "아~ 너는 그렇게 생각하는구나."라고 하며 이해의 뜻을 전한다. 선생님의 생각을 맞춰야 한다는 부담감보다 자신의 생각을 표현하는 것에 자신감을 주기 위함이다.

TV 토크쇼를 예로 들어보자. 방청객은 출연자의 한마디 한마디에 "아~, 와~, 오~" 하며 적극적인 반응을 보인다. 재미있는 이야기라도 하면 더 큰 소리로 환호하며 손뼉 친다.

이렇듯 누군가 나의 이야기를 잘 들어주고 긍정적 반응을 보이면, 말하는 것이 즐겁다. 아이들도 그렇다. 아이들의 이야기에 집중하고 맞장구를 쳐주면 아이는 말하기에 자신감이 생긴다. 어른처럼 질문을 듣고 빨리빨리 단어들을 떠올리진 못해도 청자의 이런 반응에 힘을 얻어 더 잘 말하려고 노력한다. 그리고 자연스럽게 언어발달이 이루어진다.

아이의 말에 공감하며 즐거울 때는 "와~, 어쩜~, 재밌었겠다." 하면서 웃는 얼굴로 같이 즐거워 해주는 것이 좋다. 아이가 속상할 때는 "저런, 그랬구나, 속상했겠다, 화났겠는걸." 하며 슬픈 표정으로 공감해주면 좋다.

아이의 이야기를 듣는 부모의 긍정적 반응은 아이의 '말하기' 연습에 윤활유가 된다.

반영적 경청 : 친절한 요점정리

"정현아~ 어쩐 일이야? 속상한 일 있었어?"

"가~ 방~ 아닌데."

"정현아~ 울면서 말하니까, 원장님은 정현이 말을 못 알아듣겠어. 천천히 말해 줄래. 혹시 가방이 불편해?"

"가~ 바이 부편해서~ 우는 거 아닌데~"

"가방이 불편해서 우는 것이 아니었구나. 그런데 가방 때문에 운다고 혼났구나?"

"네~"

"정현이 마음도 몰라주고……. 엉뚱한 일로 혼나서 속상했겠네."

등원하는 정현이가 울면서 들어왔다. 우는 모습을 처음 보는지라 깜짝 놀라 물었다. 하지만 어깨에 멘 가방끈을 만지작거리며 짜증을 내듯 말하니 알아들을 수 없었다. 그래서 정현이를 꼭 안고 다독이며 나의 마음을 전했다. 그러자 정현이가 숨을 고르며 말을 했다. 나는 정현이의 말을 정리해 확인시켜주고 감정을 읽어주었다. 정현이의 속상한 마음이 다소 가라앉았다.

　나는 효과적인 경청의 자세로 아이의 이야기를 들었다. 눈도 마주치고 아이의 말에 반응도 해주었다. 반영적 경청을 한 셈이었다. 반영적 경청이란, 아이의 두서없는 이야기를 정리해서 아이에게 확인시키는 것을 말한다.

　유아기의 아이는 자기의 생각을 충분히 전달할 만큼의 언어적 표현이 어렵다. 그러기에 말보다 감정이 앞선다. 울면서 말하기도 하고, 간혹 자신의 말을 못 알아주면 짜증을 내기도 한다. 어순도 뒤바뀌고 같은 단어를 수없이 반복한다. 말하다가 침도 꼴깍 삼키고 선뜻 떠오르지 않는 단어들 때문에 한숨도 쉰다. 그래도 끝까지 아이의 이야기를 듣다 보면 대충 아이의 의도를 알 수 있다.

　아이도 자신이 말해놓고 무슨 말을 했는지 짐작하지 못하는 경우도 있다. 이때 부모가 "이래서 이랬다고?" 하면서 아이의 말을 정리해서 확인시키는 것이 필요하다. 이때 아이의 말 속에 숨어있는 감정까지 읽어주면 아이는 안심한다. 이러한 과정이 반영적 경청이고, 반영적 경청을 잘해야 아이와 대화가 순조롭다.

반영적 경청은 그리 어려운 일이 아니다. 그저 아이의 이야기를 들어주고 아이의 입장에서 느껴지는 감정을 읽어주면 된다. 그런데도 많은 부모가 쉽지 않다고 말한다. 반영적 경청을 어려워하는 이유는 무엇일까.

첫째, 엄마 자신도 누군가에게 감정을 이해받은 경험이 없거나 적기 때문에 그렇다. 위로받아 본 사람이 다른 사람도 위로할 수 있다. '힘들었구나, 속상했겠다, 화났겠구나.', 이런 위로의 말을 자주 들었다면, 아이에게도 말하기 편했을 것이다. 그러나 들어보지 못했으니 선뜻 입 밖으로 꺼내질 못한다. 하지만 내 아이도 그렇게 키울 수는 없지 않은가. 내 아이는 그렇게 되지 않도록, 일부러라도 공감의 말을 자주 해야 한다.

둘째, 아이의 감정이 그리 중요하지 않다고 여기기 때문이다. 그래서 아이의 감정을 이해하기보다는 가르치려 든다. "그건 울 일이 아니야.", "그깟 일로 화를 내니?" 하면서 아이의 감정을 억누른다. 하지만 부모에게는 소소한 일이라도 아이에게는 큰일일 수 있다. 아이는 부모가 자신의 감정을 받아들이지 않으면 부모에 대한 불만을 가진다. 불만은 불신으로 이어지고 결국 부모와 자식 간의 효율적인 대화를 가로막는다.

아이가 길에서 뛰어가다가 넘어진 경우를 생각해 보자. 엄마는 아이를 얼른 일으켜 세우며 상처를 살피고 "괜찮아. 피 안 나."라고 말한다. 이럴 때 아이의 마음은 어떨까? 아마도 아이는 옷을 툭툭 털며 아무렇지도 않다는 듯 일어나는 모습을 보이고 싶었을 것이다. 그런데 엄마가 먼저 괜찮다고 해버리니 아이로서는 자신의 마음을 강탈당한 느낌이 들었을 것이다. 이럴 때는 그저 아이의 마음만 읽어주면 된다.

"넘어져서 아프겠다. 괜찮아?"
"하나도 안 아픈데?"
"정말? 멋지다. 아픈 것도 잘 참네."

아이는 엄마가 마음을 알아주니 기쁘다. 설령 좀 아프더라도 자신의 마음을 알아주는 엄마에게 멋진 모습을 보이고 싶다. 그래서 아픈 걸 참고 툭툭 털고 일어나 씩씩하게 말한다. 하나도 아프지 않다고.

유치원에 갔다 온 영철이가 엄마에게 속상한 마음을 말했다.
"엄마, 친구가 나 때렸어."
"친구가 널 왜 때렸어?"
"그냥 앉아 있는데 때리고 갔어."
"그냥 때렸겠니? 너도 잘못했으니 때렸겠지."

"아무 짓도 안 했는데 때렸다고!"

영철이는 와락 짜증을 냈다. 엄마는 어떤 상황에서 이런 일이 생겼는지 모른다. 다만 영철이의 그동안의 행동으로 짐작하건대 그냥 때리진 않았을 거로 생각한 것이다. 하지만 영철이의 마음은 어떨까? 아이는 자신의 마음을 몰라주는 엄마가 야속하다. 속상한 마음에 어깃장을 놓고 싶어진다.

"엄마, 친구가 나 때렸어"
"친구에게 맞아서 아팠겠다. 속상했겠다."
"내가 앉아 있는데 때리고 갔어."
"가만있는데 맞아서 놀랐겠구나."
"친구가 팔을 흔들고 가다 모르고 때린 거야. 그래서 친구가 사과했어"
"일부러 때린 게 아니었구나."

엄마가 아이의 마음을 알아주면 아이는 편안해진다. 이미 엄마가 자신의 마음을 알아주었기에 솔직하게 말하고픈 생각이 든다.

다섯 살 영희가 엄마에게 말했다.
"엄마~ 명주가 음~ 음~ 나를 이케 했어."
"명주가 영희를 손으로 때렸어? 아팠겠다. 속상했겠다."

아직 상황 설명이 어려운 영희는 자신이 겪은 일을 몸짓을 섞어 전했다. 엄마는 아이에게 정확한 표현으로 정리해서 말해주고는 아이의 마음을 '속상하다', '아프다'는 말로 헤아려줬다. 이런 경험을 통해 아이는 자신에게 일어나는 감정의 개념을 배우게 된다.

엄마가 과자를 두 개 사 왔다.

오빠와 영희가 한 과자를 두고 서로 먹겠다고 다투었다. 그러자 엄마는 '가위바위보'로 이긴 사람이 그 과자를 먹는 것으로 하자고 제안했다. 둘은 신이 나서 가위바위보를 했다. 영희가 졌다. 영희는 오빠가 늦게 냈다고 화를 냈다. 오빠는 과자를 들고 방으로 쏙 들어가 버렸다. 이럴 때 엄마의 반응에 따라 영희의 기분이 달라진다.

"네가 졌잖아. 져놓고 고집 피우면 안 돼."
"과자 안 먹어."
"그래 앞으로 너는 과자 안 사줄게. 그럼 이 과자도 안 먹겠네?"
"안 먹어."
"먹지 마. 엄마가 다 먹을 거야."
"으앙~"
"안 먹는다며 왜 울어?"

과연 영희의 마음은 어떨까? 가위바위보로 과자를 선택하기로 약속했지만, 먹고 싶었던 과자를 먹지 못하게 되었을 때 깨끗하게 포기 하기란 쉽지 않다. 영희는 그저 속상한 마음에 투덜거렸을 뿐이다. 그런데 엄마는 영희의 마음도 몰라주고 먹지 말라고 야단쳤다. 영희는 더 화가 나고 속상했을 것이다. 보이지 않는 영희의 마음을 읽어보자.

"영희도 저 과자가 정말 먹고 싶었구나. 그런데 가위바위보에서 져서 못 먹게 되니까, 속상하지?"

"응."

"오빠는 하나도 안 주고 방으로 가니까 얄밉기도 하고. 엄마 같아도 속상했을 것 같구나. 하지만 오빠는 이미 가져가 버렸네. 어떻게 하지?"

"으응……."

"속상하지? 엄마가 안아줄게."

이렇듯 숨겨진 마음을 읽어주었다면, 영희의 기분은 어땠을까? 물론 엄마가 영희의 마음을 달래준다고 해서 당장 감정이 풀리지는 않을 것이다. 하지만 속상한 마음이 더욱 커지진 않을 것이다.

아이들의 행동은 옳든, 않든 이유가 있다. 아직은 자기 조절이 어렵기 때문에 잘못된 행동을 하는 아이의 마음도 불편하다. 그런데 그것을 꼭 집어서 야단을 치거나 비아냥거린다면 아이의 속상한 마음은 더 커진다. 그리고 자신의 행동을 솔직하게 말하면 더 혼날 것을 예상한다. 당연히 자신의 행동을 꼭꼭 숨기기 위해 거짓말이라는 방어기제가 작동한다.

반대로 아이의 행동에 대한 마음을 알아줄 때 아이는 마음이 여유로워진다. 솔직하게 말해도 크게 혼나지 않을 것을 예상한다. 그리고 자신의 옳지 않은 행동에 반성할 마음이 생긴다. 이처럼 엄마의 반응에 따라 아이는 습관처럼 거짓말을 하는 아이가 될 수도, 솔직한 아이가 될 수도 있다.

엄마는 아이가 부정적인 감정이 생겼을 때 감정 조절을 하도록 도와줘야 한다. 아이는 자신의 마음을 확인하는 감정 교육이 필요하다. 그러므로 반영적 경청이 중요하다. 반영적 경청은 아이와 엄마의 원활한 소통에 큰 역할을 한다.

어떻게 말할 것인가 (나-전달법)
엄마의 마음 전하기

유주는 가장 일찍 등원하는 아이였다. 잠에서 덜 깬 모습으로 손에는 빵을 쥔 채 유치원에 들어서는 유주를 볼 때마다 안쓰러웠다. 워킹맘 엄마의 출근 시각에 맞추자니 도리 없는 노릇이었다.

그날은 유주가 눈물바람으로 등원했다. 손에는 빵도 들려 있지 않았다. 품에 안고 한참을 달래줬건만, 좀처럼 눈물을 그치지 않았다. 무척 속이 상했던 모양이었다.

점심쯤 유주엄마에게서 전화가 걸려왔다. 아이를 울려 보낸 것이 못내 마음에 걸렸던 듯했다. 제법 오래 울긴 했지만, 지금은 평소처럼 잘 지낸다는 말을 전했다. 엄마는 안도의 한숨을 내쉬더니 아침에 일어난 일을 들려줬다.

　유주엄마는 알람이 울리지 않아 평소보다 30분쯤 늦게 눈을 떴다. 급한 엄마 사정도 모른 채 아이는 뭉그적거렸다. 이것저것 해달라는 것도 많았다. 평소에는 차려줘도 먹지 않던 밥을 먹겠다며 고집부렸다. 결국 엄마는 화를 냈고, 아이는 울음을 터뜨렸다. 훌쩍이는 아이를 달래지도 못하고 유치원에 보낸 게 엄마는 내내 마음이 불편했다.

　워킹맘들이라면 한두 번쯤 겪는 일이다. 그런데 여유를 되찾고 돌아보면 아이를 혼낼 일이 아니었다는 것을 알게 된다. 아이는 늘 하던 대로 했을 뿐이다. 원래 행동이 굼뜨니 뭉그적거렸고, 여느 때처럼 이런저런 것을 요구했을 뿐이다. 그런데 엄마는 어쩌자고 아이에게 화를 내며 울리기까지 했을까.

　문제는 엄마의 마음에 있었다. 늦게 일어나 마음이 급해진 엄마에게 아이의 요구는 제대로 들리지 않았다. 게다가 밥을 먹겠다는 아이의 태도에 무슨 의도라도 담긴 양 반응했다. 하지만 아이는 엄마의 사정을 알 턱이 없다. 그러니 평소와 다르게 화를 내는 엄마에게 서운할 수밖에 없다. 만일 엄마가 서둘러야 하는 형편을 아이에게 친절하게 설명했으면 어땠을까.

　어른들도 말하지 않으면 다른 사람의 마음을 모르는데 하물며 아이들은 어떻겠는가? 엄마가 말을 하지 않아도 척척 알아채고 눈치껏 행동하는 아이가 있을까?

　앞서 반영적 경청으로, 부모가 아이의 이야기를 들어주고 아이의 마음속 숨겨진 감정을 다독여주는 법을 배웠다. 마찬가지로 아이도 부모의 감정을 알아야 도울 수 있다. 그러나 아이는 부모의 감정을 알려 들거나 먼저 궁금해하지 않는다. 아이의 인지발달이 자기중심적 사고에 머물러 있기 때문이다. 따라서 아이 스스로, 먼저 알아서 부모의 감정을 파악하길 기대하면 안 된다.

　스위스의 철학자 피아제(Piaget)는 아동의 인지 발달이론의 단계에서 유아시기의 사고력은 성인이나 아동기의 사고력과는 다르다고 설명했다. 성인은 말하지 않아도 어떤 상황에 부닥치면 다른 사람의 입장에 서서 눈치껏 행동한다. 그러나 유아기는 전 조작기의 자기중심적(egocentric) 사고를 한다. 여기서 자기중심적이라 함은 이기적인 사고를 의미하는 것이 아니라 한 장면을 타인의 관점에서 조망하지 못함을 의미한다. 즉, 일부러 내 입장만 생각하려는 것이 아니라 아이의 사고 자체가 타인의 처지에서 생각할 수 없다는 의미다. 그런 아이에게 엄마의 마음을 이해하고 알아서 행동하기를 기대하는 것은 어려운 일이다.

　그러므로 부모가 먼저 자신의 감정을 아이에게 말해줘야 한다. 그때 비로소 아이는 부모를 도울 마음을 갖게 된다. 그러나 부모는 좀처럼 자신을 감정을 말하지 않는다. 부모의 머릿속에 자리한 고정관념, 즉 아이는 나약하고 그저 도움을 받아야 하는 존재로만 생각하기 때문이다.

1962년 T. 고든(Thomas Cordon)은 학부모를 대상으로 벌인 P.E.T.(Parent Effectiveness Training, 효과적인 부모 역할 훈련)에서 부모 자신의 감정을 효과적으로 표현하는 '나-전달법(I-message)'을 소개했다. 이는 자기 의사를 솔직하게 표현하는 방법, 상대방이 나를 이해하고 도와 능동적으로 움직일 수 있도록 표현하는 방법이다. '나 – 전달법'은 비단 부정적인 감정표현뿐만이 아니라 긍정적인 감정을 전달하는 데에도 효과적이다. '나 – 전달법'은 상대방을 비난하지 않고 문제가 되는 상대방의 행동을 구체적이고 객관적으로 기술함으로써 그 행동이 나에게 미친 영향을 기분 나쁘지 않게 전달한다.

그런데 상대방의 행동이 문제가 되어 나 자신의 감정이 불쾌해질 경우, 우리는 대부분 너를 주어로 사용하여 비난하며 문제해결을 시도하려고 한다. 이때 상대방을 비난하는 관점에서 말하는 것을 '너 – 전달법(You-massage)'이라고 한다.

이럴 경우 문제가 해결되기보다는 오히려 상대의 기분까지 상하게 하여 문제를 악화시키는 경우가 많다. '너 – 전달법'은 의사소통에서 걸림돌이 되는 대표적인 방법이다.

워킹맘의 상황을 한 번 상상해보자. 퇴근하고 집에 돌아오니 집안이 엉망이다. 직장에서 힘든 일이 있어 마음이 무거웠는데, 집안이 엉망인 걸 보자 마음이 더욱 무거워진다. 이런 마음으로 아이를 보자 대뜸 큰소리가 나간다.

"집안이 이게 뭐야?"
"다 큰 것이 네 방 정도는 치울 수 있잖아!"

퇴근하자마자 소리부터 지르는 엄마의 태도에 아이는 당황한다. 매일 같은 상태의 집안이었는데 오늘따라 엄마가 화를 낸다. 아이는 '왜 갑자기 저러지?' 하는 불만과 함께 엄마의 눈치를 보게 된다. 엄마의 힘든 마음을 경고도 없이 '아이 탓'으로 돌리면 아이는 억울하기만 하다. 이처럼 나의 힘든 마음을 너를 탓하며 해소하려 드는 것이, '너-전달법'이다.

그럼 상대방을 탓하는 '너-전달법'이 아닌 자신의 마음을 전하는 '나-전달법'으로 풀어보면 어떨까.

"영희야, 오늘 엄마가 아주 힘들었어."
"왜?"
"신경 쓸 일이 너무 많았어. 점심도 못 먹고 일만 했더니 기운이 하나도 없네."
"응~"

"영희야, 집안이 엉망이라 오자마자 치워야 하니까 몸도 마음도 힘드네."

"엄마~ 내가 도와줄까?"

"그러면 고맙지."

소리를 지르거나 짜증 내지 않아도 아이의 행동을 고칠 수 있다. "엄마도 힘들어", "엄마도 속상해"라며 아이에게 엄마의 마음 상태를 표현하는 게 중요하다. 그래야 아이는 엄마의 마음을 알아채고 엄마에게 손을 내민다. 이것을 가능하게 하는 것이 바로 '나-전달법'이다.

하나의 사례를 더 살펴보자. 엄마가 전화 통화를 하고 있다. 아이가 책을 읽어달라며 계속 칭얼거린다. 엄마는 "저리 가. 엄마 전화하고 있잖아"라며 아이를 밀쳐낸다. 하지만 아이는 '자기중심적 사고'를 하므로 자신이 엄마의 통화를 방해하고 있다는 것을 모른다. 오히려 자신의 요구가 부당하게 거절당했다는 것에 화가 난다.

"엄마~ 책 읽어줘."

"책 읽고 싶구나. 그런데 엄마가 지금 통화 중이야. 혜린이가 옆에서 계속 말하니까 전화 소리가 안 들리네. 딱 5분만 더 통화하고 끊을 테니까 그때 읽어주면 안 될까?"

이렇게 엄마가 '나-전달법'으로 마음 상태를 잘 표현하면 아이는 엄마를 이해한다. 엄마는 통화를 마치고 기다려준 아이를 칭찬해주고 약속을 지키면 된다.

아이는 '나-전달법'을 통해 세 가지를 배운다. 상대방의 마음을 헤아리는 법, 기다리는 법, 비슷한 상황이 생길 때 대처하는 법 등이다.

우리는 화가 나면 행동으로 표현한다. 화는 모든 사람이 겪는 감정 중의 하나이기 때문에 나쁜 것이 아니다. 아이들은 화가 나면 울거나 짜증 내거나, 때로는 소리를 지르고 장난감을 던진다. 이럴 때 부모들은 아이를 윽박지르기부터 한다.

"누가 장난감 던지래? 혼나 볼래?"

아이에게는 화 날 때 차분히 말로 하라면서 정작 자신은 소리를 지르거나 매를 든다. 엄마의 이런 행동을 보며 아이는 어떤 생각을 할까?

엄마가 아이에게 화를 내는 이유는 아이의 행동을 고치기 위함이다. 혹은 자신의 불편한 마음을 풀려는 것일 수도 있다. 어느 쪽이든 효과를 기대할 수 없다. 오히려 나쁜 결과만 빚는다. 그럼 어떻게 해야 할까?

첫째, 엄마는 자신의 감정을 아이에게 말해주어야 한다. 아이에게 속상할 때 말로 하라고 가르친 것처럼 엄마도 말로 화가 난 감정 상태를 표현해야 한다.

둘째, 아이의 행동이 고쳐지길 바라는 엄마의 기대를 아이가 알게 해야 한다. 그리고 엄마도 아이에게 이해받아야 한다. 그러기 위해선 자신의 감정을 아이가 알고 느끼고 반응하는 과정이 필요하다. 그 과정을 끌어내는 것이 바로 '나-전달법'이다.

아이의 숨은 능력, 엄마와의 현명한 대화로 키운다

아이는 무한한 재능과 가능성을 가지고 태어난다.
하지만 획일적인 평가를 위한 지식을 쌓는 교육에서는
아이의 다양한 숨은 재능이 보이지 않는다.
아무리 큰 재능을 타고 났더라도 부모가 인정하고
개발해주지 않으면 빛을 발하지 못한다. 아이의 재능은 부모의
역할과 태도에 의해 달라진다. 아이의 가능성을 인정해주고
환경을 만들어줄 때 아이의 재능은 비로소 실력이 된다.

어느 해 12월 원아 모집 기간이었다. 30개월 된 유진이와 부모님께서 유치원 상담을 오셨다. 상담 내내 유진이는 책을 보았다. 얌전히 앉아 책장을 이리저리 넘기는 모습이 무척 귀여웠다. 유진이가 책을 들고 오더니 "거북이가 너무 슬픈 것 같아." 하면서 동화의 내용을 말했다. 그림만 살펴보는 줄 알았더니, 글자를 읽고 내용까지 이해했다.

"어머~ 벌써 글을 읽나 봐요."

"아이가 워낙 수다쟁이라서 이야기를 많이 들어주었어요. 그랬더니 어느 날 혼자 글을 읽더라고요."

부모들은 아이에게 글자를 가르치려 애를 쓴다. 그런데 유진이는 자기 혼자 글을 깨우쳤다. 그저 부러울 따름이다.

여섯 살 지우는 숫자에 관심이 많다.

"저 숫자 모두 더하면 몇인 줄 알아?"

간판의 전화번호를 보고 옆에 앉은 친구에게 말했다. 친구는 지우의 얼굴을 빤히 쳐다만 봤다. 지우는 잠시 숫자를 보다가 "28이야, 28."이라고 스스로 답했다.

지우는 구구단은 물론 12단, 13단을 친구들 앞에서 자랑스럽게 외웠다. 친구들의 부러움을 받고 나면, 우쭐한 마음에 다음날엔 14단을 외우기 시작했다. "지우는 구구단 박사네." 하는 선생님의 칭찬에 '구구단 박사'라는 별명을 얻었다.

꽃을 관찰하고 그림을 그리는 활동을 했다. 대부분의 아이는 꽃의 큰 부분으로 꽃잎, 수술, 줄기, 잎을 그렸다. 재원이는 꽃잎의 줄무늬, 반점까지도 자세히 그렸다. "꽃잎에 무늬가 있네."라는 주위의 감탄에 재원이가 말했다.

"꽃잎을 자세히 보면 한 가지 색이 아니에요. 그리고 잎에는 여러 가지 무늬가 있어요."

재원이는 관찰력이 뛰어났다. 평소 주변의 사물을 그냥 지나치지 않았다. 야외 활동을 하는 날이면 재원이는 끊임없이 질문했다.

"이것은 뭐예요?"

"왜 여기에 있어요?"

재원이의 호기심은 좋은 영향력을 미쳤다. 주변 사물에 관심이 없던 친구들도 덩달아 질문이 많아졌다.

아이들은 무한한 재능과 가능성을 가지고 태어난다. 언어 발달이 빠른 아이, 수학적 재능이 있는 아이, 관찰력과 창의력이 있는 아이, 예술적 재능이 있는 아이, 운동신경이 발달한 아이, 감성이 풍부한 아이 등등, 무수한 재능이 잠재되어 있다.

어느 날 철수 엄마가 이렇게 말했다.

"우리 아이는 도대체 무슨 재능이 있는 줄 모르겠어요."

사실 여섯 살 철수는 자동차에 관심이 많다. 국내 자동차뿐만 아니라 외국 자동차의 이름까지 잘 알고 있다. 게다가 어른도 잘 모르는 자동차 관련된 지식을 줄줄 말한다. 어느 날은 철수가 자동차를 그려왔다. 자동차마다 바퀴 모양이 달랐다.

"왜 자동차 바퀴 모양이 달라?"

"바퀴가 아니라 휠이에요. 타이어를 움직이는 뼈와 같은 거라 튼튼해야 해요. 그래서 자동차마다 모양이 달라요."

"철수는 그런 거 어떻게 알았어?"

"책에서 봤어요."

철수 엄마도 철수의 관심 분야를 모르는 것은 아니다. 하지만 부모가 원하는 분야가 아니기에 자동차에 집중하는 모습을 '쓸데없다.'고 생각했다.

"만날 자동차에만 관심 있어요. 다른 것은 하지도 않아요."

"아이는 자신이 좋아하는 것을 하며 다양한 재능을 키운답니다."

글자를 빨리 깨치고, 가감승제를 하며, 영어 단어를 줄줄 외워야 부모는 아이가 재능이 있음을 인정한다. 그 밖의 것들에 대해선 후한 평가를 하지 않는다.

학교에서 하는 획일적인 평가에 적합한 지식을 쌓는 것에만 관심을 가지면, 아이의 숨은 재능은 절대로 보이지 않는다. 아이가 아무리 큰 재능을 타고 났더라도 부모가 인정하고 개발해주지 않으면 빛을 발하지 못한다. 반대로 약간의 재능만 타고 났더라도 부모의 효과적인 역할이 수반되면 큰 재능으로 발휘될 수 있다.

아이의 재능은 부모의 역할과 태도에 의해 달라진다. 부모는 아이가 재능을 표출할 수 있는 환경을 만들어주고, 가능성을 인정해 스스로 노력할 의지를 불러일으켜야 한다. 그래야 아이의 재능이 비로소 실력이 된다.

자녀가 성공하기 위해서는 세 가지 조건이 갖춰져야 한다고 한다. 할아버지의 경제력, 엄마의 정보력, 아빠의 무관심이다. 농담인지 진담인지 모르지만, 요즘 교육 풍토의 서글픈 단면을 잘 드러내고 있다.

그러나 유아 시기의 잠재력은 값비싼 학원에 보낸다고, 값비싼 교재를 사 준다고 해서 발휘되지 않는다. 아이의 발달 속도에 맞게 부모가 이끌어주어야 발휘된다.

그렇다면 부모는 아이의 잠재력을 끌어내기 위해 어떤 역할을 해야 할까?

첫째, 관찰이다. 아이는 자신의 재능을 모른다. 자신이 관심 있는 분야에 집중할 뿐이다. 그러므로 아이의 재능을 발견하는 것은 부모의 몫이다. 아이의 재능은 부모의 세심한 관찰로 찾아낼 수 있다. 함께 놀고, 책 읽고 대화를 나누고, 서로 부대끼며 관심을 줄 때, 비로소 아이의 재능이 보인다.

아이와 가장 많은 시간을 지내는 사람, 즉 부모가 아이의 관찰자로서 제격이다. 하지만 부모가 자녀를 제일 많이 아는 만큼 오류도 많이 범한다. 특히, 자식에 대한 조건 없는 애정은 객관적인 관찰을 방해한다. 따라서 부모 다음으로 아이와 가까이 생활하는 선생님의 객관적 시각이 필요하다.

가정에서는 부모가, 유치원과 같은 단체 생활에서는 선생님이 아이를 관찰하여 정보를 공유해야 한다. 이는 아이의 정확한 특성과 기질, 관심 있는 분야, 잘하는 분야를 파악해 이끌어주는 데 많은 도움이 된다.

둘째, 관심 분야가 있다면 적극적으로 환경을 만들어주어야 한다. 예를 들어, 자동차에 관심이 큰 철수를 위해 부모가 자동차 그림을 함께 그리면 철수는 그림 표현력을 키울 수 있다. 그리고 자동차에 관한 책을 함께 읽으면 자동차에 관한 지식과 더불어 독서 습관도 익힐 수 있다. 이렇게 부모와 자녀가 공통적인 관심사를 가지고 소통하면 긍정적 관계가 형성된다.

그런데 부모가 주의할 점이 있다. 아이가 흥미를 느낄 때, 지나치게 앞서서 이끌어주거나 강압적인 주입이 이루어지면, 아이는 흥미를 잃어버린다. 모든 학습 환경과 속도는 아이에게 맞춰져야 한다.

셋째, 자녀의 관심 분야를 주제로 끊임없이 대화해야 한다. 예를 들어 부모가 모르는 자동차 관련 지식을 아이에게 질문하면, 아이는 질문에 대답하기 위해 자신의 잠재 능력을 총동원한다. 질문으로 기대할 수 있는 아이의 능력은 다음과 같다.

- 관심 분야에 몰입하는 집중력.
- 부모의 질문에 생각하고 추론하는 사고력.
- 끈기 있게 일을 마무리하는 인내력.
- 새로운 것을 발견하고자 하는 상상력과 창의력.
- 정보를 찾고 문제를 풀어가는 해결 능력.
- 다른 사람과의 정보를 공유할 수 있는 사회성.

여기에 부모의 칭찬과 격려가 곁들여지면, 아이는 긍정적인 자아를 형성하게 된다.

아무리 타고난 재능이라도 부모가 인정해주지 않으면 발휘되지 못한다. 부모가 키우고자 하는 재능을 아이에게 억지로 주입해봤자 키워지지 않는다. 따라서 관찰하여 찾아내고 질문으로 대화하여 키워주는 부모의 역할이 대단히 중요하다. 부모의 이런 역할이 뒷받침될 때, 아이의 잠재 능력은 꽃피우게 된다.

"왜 그렇게 생각해?"
대화로 키우는 창의성

얼음이 녹으면 물이 된다가 아닌
얼음이 녹으면 봄이 온다는 생각
우리가 찾은 교육의 진실은 틀 밖의 생각입니다.
- '바른 교육 큰 사람의 공익광고'에서

소개한 광고에서는 '얼음이 녹으면 봄이 온다.'라고 표현하고 있다. 우리 세대는 이렇게 생각하도록 배우지 못했다. 얼음이 녹으면 물이 된다는 단편적인 지식만을 배웠다. 유치원 아이들에게 다양한 대답을 기대하며 같은 질문을 했다.

"얼음이 녹으면 어떻게 될까?"

넷째 마당

"얼음이 녹으면 물이 돼요."

철수의 말에 더는 다른 대답이 나오지 않았다. 우리 유치원 아이들도 고정된 지식을 쌓고 있다는 생각에 마음이 뜨끔했다.

"얼음이 녹으면 봄이 온대."

아이들은 대뜸 "왜요?" 하고 물었다. 아이들에게는 엉뚱한 대답으로 들렸기 때문이다. 만약에 또래 친구가 그렇게 대답했다면, "말도 안 돼. 무슨 얼음이 녹으면 봄이 오냐?"며 비웃었을 것이다.

"선생님 생각은, 겨울에 얼었던 얼음이 봄이 되면 녹으니까, 얼음이 녹으면 봄이 온다고 한 것 같아."

"그러면 얼음이 녹으면 얼음이 죽어요."

"왜 그렇게 생각해?"

"얼음이 녹으면 얼음은 없어지니까요."

창의성은 사전적 의미로 '새로운 것을 생각해 내는 능력'이다. 다시 말해, 기존의 틀에서 벗어나 다른 시각으로 바라보는 것이다. 혹은 모두가 "예"라고 할 때 "아니요"라고 다르게 생각하는 능력이라고 할 수도 있다. 아이들은 무한한 창의성을 가지고 있다. 이런 아이들에게 우리는 정답만을 강요하는 교육으로 창의성을 막고 있는 것은 아닐까.

우리의 교육 환경을 한 번 되돌아보자. 학교에서 남과 다른 대답을 하면 틀린 답으로 취급받는다. 새로운 질문과 대답 역시 '쓸데없다'고 여긴다. 이처럼 학교에서 주입식 교육을 받은 학부모 세대는 자녀에게도 똑같이 주입식 교육을 강요한다. 이런 이유로 창의성 교육이 어렵다.

자녀교육에 관심이 많은 부모는 한두 번쯤은 부모교육 강연을 다녔을 것이다. 부모교육 주제는 시대의 흐름에 따라 정해진다. 요즘 부모교육의 대세는 '창의성'이다. 교육 서적 분야를 보더라도 '창의성' 관련 도서들이 많다. 아무래도 4차 산업혁명 시대를 맞이할 아이들에게 가장 필요한 능력이 창의성이기 때문일 것이다.

영국 옥스퍼드대학교 AI 연구팀 마이클오스본(Michael Osborne) 교수의 연구보고에 따르면, 4차 산업혁명 시대가 요구하는 것은 '창의성'과 '정서 지능(EQ)'이다.

4차 산업혁명 시대는 인공지능과 로봇이 인간의 일을 대신하는 시대이다. 단순한 지식 쌓기로는 로봇과 경쟁해서 이길 수 없다. 따라서 로봇이 가질 수 없는 창의성과 감성을 길러야 한다.

요즘 시대가 요구하는 '창의성' 교육이 주목받고 있다. '창의 한글', '창의 수학', '창의 블록', '창의 로봇' 등등 대부분 교재와 프로그램에 '창의'란 단어가 들어간다. 이름만 들어도 쉽게 창의성이 키워질 것 같은 착각마저 든다.

그러나 교재 몇 권 공부하거나 학원에서 몇 달 배운다고 창의성이 길러질 것이라 믿는 부모는 없다. 그러면서도 아이의 창의성을 기를 방법을 모르기에 교재와 학원에 의존하려는 마음에서 벗어나지 못한다. 이렇게 부모의 마음이 흔들리는 사이, 아이의 창의성을 키우는 결정적인 시기는 지나가고 만다.

창의성 교육에 가장 중요한 것은 '누가 교육을 담당할 것인가'이다. 창의성 교육은 아이를 가장 많이 아는 사람, 아이와 함께 하는 시간이 많은 사람, 아이를 가장 사랑하는 사람이 나서야 한다. 즉, 부모가 나서야 한다.

아무리 창의성 전문가일지라도 아이의 성향과 관심사, 특성에 맞춰 가르칠 수는 없다. 또 부모만큼 아이를 헌신적으로 대할 사람도 없다. 그런데도 부모는 아이의 의식주를 해결해주고 '보호'하는 것에만 신경 쓴다. 이렇게 보호만 해서는 아이의 창의성을 기를 수 없다. 영국의 철학자 존 로크(John Locke)는 말했다.

"인간은 백지상태로 태어나 그 이후 경험을 통해 환경에서 습득하는 것으로 하나씩 채워진다."

'그 이후 환경'에서 가장 중요한 역할을 하는 것이 부모다. 부모가 아이를 보호한다면서 아이가 할 일을 대신해주면 아이는 백지에 채울 것이 없어지게 된다.

그러면 부모는 아이의 창의성을 기르기 위해 어떻게 해야 할까?

첫째, 고정관념을 깨고 다르게 생각해야 한다.

여섯 살 아이들이 '교통기관'을 주제로 수업을 할 때다. '철도 박물관'으로 견학 가기 위해 전철을 탔다. 아이들은 친구들과 전철을 타서 무척 신나 있었다. 그때 혜랑이가 슬며시 내 손을 잡더니 물었다.

"왜 손잡이가 모두 달라요?"

"손잡이가 어떻게 다른데?"

"어떤 것은 길고, 어떤 것은 짧아요."

"혜랑이는 왜 그렇다고 생각해?"

"음~ 키가 작거나 큰 사람을 위해서 그런 것 같아요."

"아~ 키가 크거나 작은 사람을 위해서?"

"작은 사람은 길이가 긴 손잡이를 잡으면 돼요. 그런데 나처럼 작은 애들은 잡을 수 없어요."

"그러게, 왜 애들이 잡을 수 있는 손잡이는 없을까?"

"음……, 엄마랑 타니까!"

대화하고 나서 전철 손잡이를 보니 정말로 길이가 모두 달랐다. 손잡이는 길이가 같아야 한다는 고정관념을 깬 덕분에 더욱 많은 사람이 편리하게 전철을 이용할 수 있게 된 것이다.

고정관념을 깨기 위해서는 다르게 생각해야 한다. 그런데 억지로

넷째 마당

다르게 생각하기를 강요하면 문제가 생긴다.

초등학교 1학년 아이를 둔 어떤 엄마가 '창의성 교육'에 대한 강의를 듣고 와서 아이에게 항상 남과 다르게 생각하고, 다른 대답을 하라고 가르쳤다. 학교에 간 아이는 '1+1은 무엇일까?'라는 질문을 받았다. 친구들은 '2'라고 대답했다. 그러나 엄마의 지시를 받은 아이는 '2가 아니다'라고 대답했다. 선생님은 아이의 대답에 호기심을 갖고 "왜 그렇게 생각해?"라고 물었다. 그러나 아이는 대답하지 못했다. 친구들과 다르게 대답을 해야 한다는 엄마의 지시를 이행한 것뿐이기 때문이다.

그러므로 부모는 아이의 창의성을 위해 고정관념을 깨고 '남과 다르게' 생각하도록 이끌어 주되, '논리적인 설명이 가능한 다른 생각'을 할 수 있도록 해야 한다.

둘째, 지식 쌓기도 소홀히 해서는 안 된다.

아는 것이 많아야 다양한 생각을 끄집어낼 수 있다. 그래서 창의성을 키우는 시기의 아이는 다양한 경험이 필요하다.

이렇게 말하면 많은 공부를 해야 한다는 부담을 가질 수 있다. 그러나 유아 시기의 지식 쌓기는 학교 교육처럼 이루어지는 게 아니다. 일상생활의 모든 것이 공부이다. 아이는 엄마의 행동에서, 자신의 경험에서, 부모와의 대화에서 다양한 지식을 쌓는다.

엄마와 함께 가던 지수가 뛰다가 넘어졌다. 마침 유치원을 지나는 길인지라 피가 나는 다리에 밴드를 붙이기 위해 들어왔다.

"뛰지 말라고 했지? 그러게 왜 뛰어? 피 나잖아."

소독하고 약 바르고 밴드를 붙이는 동안 엄마는 계속 지수에게 지적만 했다. 치료를 마치고 지수는 또 뛰어나갔다.

"또, 또 뛴다. 넘어진다고~"

엄마는 서둘러 지수의 뒤를 쫓았다. 이렇게 해서는 지수가 넘어져 다친 경험을 지식으로 쌓을 수 없다. 그럼 어떻게 대화를 하는 것이 좋을까?

"지수야. 다리에 왜 피가 났어?"

"뛰어서 넘어졌어요."

"뛰면 항상 넘어져?"

"아니, 돌이 있었는데 앞을 보지 않고 뛰어서 그래요."

"그럼 앞을 보고 뛰면 넘어지지 않아?"

"아~ 내가 너무 빨리 뛴 것 같아요. 그래서 멈출 수 없었어요."

"넘어져서 어떻게 됐어?"

"피가 났어요. 멍도 들고요. 흙도 묻었어요."

"그래, 피도 나고 멍도 들고 흙도 묻었다고? 흙이 묻으면 안 되나?"

"흙에는 세균이 있어서 씻어야 해요."

"흙에는 왜 세균이 있는데?"

"음~ 어려워요."

"엄마 생각에는 바깥의 흙에는 지나가는 사람들이 침도 뱉고 동물들이 쉬도 하고, 쓰레기도 버리기 때문에 더러운 세균이 묻어 있을 것 같아."

"나도 그렇게 생각해요."

"어떻게 치료하면 좋을까?

"흙이 묻었으니 씻고서 약 발라야 해요."

"그러면 나을 수 있을까?"

"며칠 있으면 피가 멈추고 괜찮아요."

"왜 며칠 있으면 피가 멈출까? 엄마도 궁금하다."

"음~, 음~, 모르겠어요."

"엄마도 잘 모르는데 찾아볼까?"

전자의 대화와 후자의 대화를 비교하면, 많은 차이가 있다. 전자의 대화는 아이의 안전을 위해 행동을 탓하며 상처를 치료해주는 것으로 마무리되었다. 그러나 후자는 아이의 상황을 두고 많은 대화가 오갔다. 대화를 통해 아이가 자신의 행동을 되돌아보고, 안전하게 행동하는 것을 배우게 됐다. 이외에도 흙에 세균이 있음을 알게 됐다. 그리고 피가 어떻게 멈추게 되는지 호기심을 갖게 됐다.

후자의 대화는 그리 어려운 내용이 아니다. 그러나 막상 생활 속에서 이를 실천하려면 어려움을 느낀다. 하지만 창의적인 내 아이의 미래를 생각한다면, 반드시 '실천'해야 한다.

아이에게 엄마의 생각을 설명하여 결론을 맺는 것과 질문으로 아이의 생각을 끌어내어 결론 내리는 것은 엄청난 교육적 차이가 있다. '넘어지면 다치니 뛰지 말자'라는 것은 아이들도 무수히 들어서 알고 있다. 하지만 고쳐지지 않는다.

그러나 질문으로 풀어나가면 아이 스스로 자신의 행동을 돌아보고 생각하게 된다. 실천 의지가 강해지고, 자신의 행동에 책임도 갖게 된다. 그리고 대화를 이어가며 자신이 모르는 것을 알게 되고, 그것을 알고자 하는 호기심도 생긴다.

이렇듯 질문은 중요하지만, 부모들은 아이와 질문과 대답을 주고받는 것에 어려움을 느낀다. 여러 가지 이유가 있겠지만, 부모가 그런 교육을 받아 본 경험이 없는 것이 가장 크다. 또한, 바쁜 엄마로선 아이의 질문에 일일이 대답을 해야 하는 것이 여간 번거롭지 않다. 한편으로는 아이의 끊임없는 질문이 두렵기도 하다. 어떻게 대답해야 할지 모르기 때문이다. 그렇다고 아이에게 모른다고 하기에는 엄마의 낯이 서지 않는다.

하지만 부모는 아이에게 모든 것을 설명할 수 있어야 한다는 고정관념을 버리자. 아이도 부모가 모를 수 있다는 것을 알아야 한다. 그래야 부모나 아이나 대화가 부담스럽지 않다. 아이의 질문에 대답

넷째마당

하기 어려우면, "엄마도 모르겠네. 함께 찾아볼까?' 하면 된다. 이런 기회를 통해 아이는 궁금한 점을 스스로 해결하는 법을 배운다.

질문하고 답하는 대화에 익숙해지면 아이는 질문하는 습관이 생긴다. 질문이 습관이 되면 창의성을 키우기에 적합한 조건을 갖춘 아이가 된다. 그러므로 엄마가 "왜?", "그래서?", "멋진 생각이구나." 하는 말을 아이에게 자주 할 필요가 있다.

창의성은 아이에게 의식주만큼 중요하지는 않다. 창의적인 능력이 없어도 사는 데 큰 지장은 없다. 그러나 아이가 성공하기를, 행복한 삶을 살기를 바란다면, 부모가 먼저 변해서 아이의 창의성을 길러주어야 한다.

"너는 멋진 아이구나"
대화로 키우는 자존감

    수빈이가 양손으로도 들기 버거운 우유팩을 들고 컵에 따른다. 컵이 넘어지며 우유가 쏟아져 바지와 바닥에 우유가 흘렀다. 수빈이는 얼음이 된 채 선생님을 쳐다본다. 이런 상황을 알아채지 못한 선생님께 친구들이 큰일이 난 듯 이른다.

    "선생님, 선생님~ 수빈이가 우유 쏟았어요."

    "선생님, 우유 천지예요."

    "큰일 났어요."

    "장~수빈, 장~수빈 우~유 쏟았대요. 쏟았대요."

    놀리는 듯한 말투로 수빈이를 향해 저마다 한마디씩 했다. 결국 수빈이는 크게 울음을 터트리며 닭똥 같은 눈물을 흘렸다. 선생님은 수빈이에게 다가가 "괜찮아. 괜찮아. 그럴 수 있지. 스스로 하려고 한 마음이 언니 같은걸!" 하며 달래줬다. 수빈이는 선생님의 말에 울음을 그쳤다. 수빈이를 놀리던 친구들도 "수빈아~ 괜찮대." 하며 달래주었다.

태어날 때부터 뭐든지 잘하는 사람은 없다. 숨쉬기, 먹기, 잠자기, 울기와 같은 본능적인 행동 외에 살아가는 데 필요한 모든 행동은 일상생활에서 끊임없이 연습해야 익숙해진다. '우유 따르기'는 힘과 기울기를 잘 조절해야 하므로 다섯 살 아이에게는 고난도의 활동이다. 그러므로 여러 번 쏟고 흘려봐야 능숙해질 수 있다.

이런 관점에서 보면 아이의 실수는 노력의 산물이라고 할 수 있다. 그런데 아이가 실수했을 때 부모가 어떻게 반응하느냐에 따라 아이의 자존감은 높아질 수도 낮아질 수도 있다.

자존감은 '나는 괜찮은 아이', '나는 사랑받는 아이', '나는 당당한 아이' 등, 자기 자신을 긍정적으로 바라보는 마음이다. 이런 긍정적인 마음은 후천적 환경의 영향을 받는다. 후천적 환경은 아이 주변 사람, 부모, 친구, 형제, 자매, 그리고 선생님 등이다. 자존감은 사람마다 차이는 있겠지만 대체로 아래 분야와 관련이 있다.

첫째, 학습 능력이다. 학습 능력이 뛰어날수록 자신에 대해 긍정적으로 생각한다. 학습 능력은 노력도 필요하지만, 유전적 요인과 신

생아기 1년의 주변 환경에 따라 큰 영향을 받는다. 성적으로 줄 세우는 우리나라 교육 환경에서 학습 능력으로 자존감을 높이는 아이는 소수이다.

둘째, 외모와 신체 운동 능력이다. 세계적으로 우리나라 K-pop 아이돌이 인기를 끌고 있다. 너나 할 것 없이 인형 같은 외모와 춤 실력으로 인기몰이를 하고 있다. 요즘은 가수로서의 노래 실력만큼 외모와 춤 실력도 중요해졌다. 이런 시대적 흐름에 따라 아이들은 아이돌 같은 외모를 가꾸어 자존감을 높이려 한다. 하지만 외모와 신체조건, 운동 능력은 선천적 영향이 크기 때문에 주변사람이 어떻게 해줄 수 없다.

셋째, 사회성이다. 사회성은 다른 사람과 좋은 관계를 맺는데 필요한 능력이다. 부모는 아이에게 먼저 다가가 손을 내민다. 그러나 부모 이외의 사람들은 먼저 다가와 손을 내미는 경우가 많지 않다. 그러므로 내가 먼저 다가가지 못하면 결국은 외톨이가 된다. 외톨이가 된 아이는 또래 아이들에게 신체적 정신적으로 괴롭힘을 당하는 '집단 따돌림'의 대상이 되기도 한다. 이렇게 되면 아이는 자존감이 낮아질 수밖에 없다. 사회성은 타고나는 기질적 영향도 있지만, 사회성을 배울 수 있는 환경 속에서 충분히 발달할 수 있다.

마지막으로 성품이다. 유치원 시기의 아이들은 또래를 좋은 친구, 나쁜 친구로 나누기 시작한다. 친절하고, 양보하고, 예쁘게 말하는 친구는 좋은 친구, 욕심 많고, 친구를 때리거나 괴롭히는 친구는 나쁜 친구다. 남을 배려하는 아이, 올바른 생각과 판단으로 행동하는 아이는 친구들의 관심을 받는다. 그러기에 자존감도 높아진다. 하지만 잘못된 행동으로 지적받거나, 야단을 맞는 것을 반복하는 아이는 부정적 정서가 자리 잡고 자존감이 낮아진다.

아무리 자존감과 관련 깊은 것이라고 해도 학습능력, 외모, 신체 운동 능력은 선천적인 영향이 크기 때문에 어쩔 수 없다. 그러나 사회성과 성품은 부모의 노력과 반응에 따라 얼마든지 긍정적인 방향으로 발전시킬 수 있다. 이 장에서는 사회성과 올바른 성품을 키워 자존감을 높이는 부모의 역할을 살펴보기로 한다.

아이가 우유를 쏟은 상황으로 다시 돌아가 보자. 어른의 반응은 아이의 자존감에 큰 영향을 준다.

"무슨 일이야? 왜 쏟았어?" (아이를 추궁하는 반응)

"그것도 못 해서 쏟니?" (아이의 능력을 무시하는 반응)

"에구~ 너 쫓아다니며 치우기 힘들다. 가만히 앉아있어. 일 저지르지 말고."

"너 때문에 엄마가 못 살아."

"야~ 일어나. 옷 젖었잖아. 가만히 있으면 어떡해?" (아이가 자신의 행동을 자책하게 하는 반응)

이는 모두 아이를 탓하는 반응이다. 스스로 우유를 따라서 먹으려는 행동은 잘못된 행동이 아니다. 그런데 부모가 혼자 해보겠다는 마음을 이해하지 못하고 실수에 대해 추궁하고 야단치면 아이는 당연히 속상할 것이다. 결국 아이는 이런 마음을 먹는다.

'다시는 혼자서 안 할 거야.'
'나는 그것도 못 하는 아이야.'
'나는 엄마를 힘들게 하는 아이구나.'
'엄마는 나를 미워해.'
'엄마는 나를 귀찮아해.'

이처럼 아이의 실수에 부모가 무심코 던진 한마디 때문에 아이는 자신을 가치 없는 존재로 인식하게 된다. 그리고 용기도 잃고 위축된다. 용기가 없는 아이는 친구에게 다가갈 자신감도 없다. 자연스럽게 사회성에도 영향이 간다. 그럼 아이의 자존감을 높이기 위해서는 어떻게 반응해야 할까?

"어머~ 우유 쏟았네, 놀라지 않았니?"
"괜찮아. 그럴 수 있지. 혼자 하려고 하는 마음이 멋지구나!"
"엄마도 처음엔 많이 쏟았어."
"이건 실수야. 실수를 많이 해봐야 잘 할 수 있어."

이는 아이의 마음을 먼저 다독여주고, 결과가 아닌 과정을 격려하고, 엄마의 경험을 말하며 안심을 시켜주는 반응이다. 엄마가 이런 반응을 보이면 아이는 다음과 같이 생각한다.

'엄마가 나의 실수를 이해하는구나.'
'실수해도 겁먹지 말아야지'
'실수했을 때 엄마에게 솔직히 말해야지.'
'다음에는 성공해서 엄마에게 칭찬받아야지.'
'엄마도 어릴 때는 그랬구나. 모든 사람은 실수 할 수 있구나.'

이처럼 엄마의 긍정적 반응에 아이는 자신의 실수를 긍정적으로 본다. 그리고 용기와 자신감, 더 노력하고자 하는 마음을 갖게 된다. 이런 마음을 지닌 아이는 당연히 자존감이 높을 수밖에 없다.

엄마는 아이의 실수에 왜 화가 날까?
"엄마가 행복해야 아이가 행복하다."는 말이 있다. '행복'은 전염된다. 그래서 엄마가 행복하면 행복이 아이에게 전염된다. 엄마의 마음이 행복하면, 아이의 실수도 기분 좋게 받아들일 수 있다. 반대로 엄마의 마음이 불행하면, 아이의 실수가 좋게 보이지 않는다. 심하면 '아이까지 나를 힘들게 하는 존재'로 여기게 된다.
엄마가 행복하지 않은 이유를 생각해보자.

첫째. 엄마 자신의 삶이 행복하지 않아서다.

유치원에서 항상 징징거리고, 유치원 생활에 의욕이 없는 다섯 살 주희 때문에 엄마에게 상담을 요청했다. 상담을 미루던 엄마는 어느 날 먼저 전화를 했다. 그리고 약속한 날짜에 내원해서 작정한 듯, 말을 쏟아냈다.

다른 엄마들은 아이 크는 재미로 살고, 아이의 재롱에 하루의 피로가 모두 날아가는데 주희 엄마는 아니라고 했다. 아이의 재롱도 귀찮고, 아이가 징징거리면 참을 수 없다고 했다. 주희 아빠의 늦은 귀가도 주희 엄마에게는 짜증이었다. 남편과 점점 멀어지다 보니 주희 엄마는 곁에 아무도 없다는 생각을 하게 됐다. 직장에 다닐 때는 힘들어도 남편과 데이트도 하고 직장 동료들과 여행도 다녔지만, 지금은 엄마 자신을 위한 시간이 없다. 결론적으로 주희 엄마는 지금 행복하지 않다고 했다.

주희 엄마의 말을 듣고 보니, 주희의 징징거림과 무기력함의 원인을 알 수 있었다. 나는 마음이 힘들고 지친 주희 엄마에게 여러 가지 조언을 했다. 내 조언 때문인지 아닌지는 몰라도, 주희 엄마는 스스로 행복해지기 위해 큰 노력을 했다. 요즘은 주희 엄마의 얼굴이 한결 밝아졌다. 주희에게서는 그동안 들어보지 못했던 '가족 여행', '아빠와 영화 보기' 등의 말을 들을 수 있었다.

엄마가 행복해지는 방법은 여러 가지가 있을 것이다. 그러나 주변 환경이 바뀌기를 바라기보다는 엄마 스스로 행복을 찾기 위해 노

154

력해야 한다.

엄마가 행복하지 않은 두 번째 이유는 관점 차이다.

엄마가 하는 모든 일은 생각하기에 따라 '엄마 자신을 위한 일'이 될 수도 '아이를 위한 일'이 될 수도 있다.

어떤 엄마는 설거지, 빨래, 청소를 '가족을 위해' 힘들어도 참고 한다. 반면에 어떤 엄마는 깨끗한 집안을 보면 '자신이 행복해지기' 때문에 설거지, 빨래, 청소를 한다. 직장에 다니는 것도 마음먹기에 따라 상황이 크게 달라진다. 어떤 워킹맘은 '자식을 먹여 살리려' 일을 하고, 어떤 워킹맘은 '나의 전문성 향상'을 위해 일한다. 이처럼 관점만 바꿔도 엄마는 행복해질 수 있다.

유치원 부모교육에 바쁜 시간을 쪼개어 참여하는 부모는 모두 아이를 잘 키우려는 목적을 가지고 참여한다. 그런데 부모교육을 듣고 어떤 마음을 먹느냐에 따라 아이를 대하는 태도가 달라진다. 다시 말해, '내 아이를 변화시키려' 마음먹느냐, '자신이 변하려' 마음먹느냐에 따라 아이를 대하는 태도가 달라진다.

"집안이 이게 뭐야? 힘들게 치워났더니 난리를 쳐 났네. 힘들어 죽겠다."

"엄마가 누구 때문에 이렇게 힘들게 일하는 줄 알아? 다 너희 때문이야."

"엄마가 부모교육까지 들어가며 노력하잖아! 너는 노력하는 엄마가 안 보이니? 엄마가 노력하면 너도 노력해야지!"

엄마는 아이를 위해 노력한다고 생각한다. 그래서 자신처럼 노력하지 않는 아이를 원망한다. 엄마가 이런 반응을 보이면 아이는 '나는 엄마를 힘들게 하는 아이구나', '누가 엄마보고 하라 그랬나?'라고 생각한다. 자신을 부정적으로 보거나, 엄마를 원망하게 되는 것이다.

"집안을 치워야 하니 엄마를 도와줄래?"
"회사에서 엄마가 힘든 일이 있었어. 그래서 기분이 좀 안 좋다."
"엄마가 너희를 잘 가르치려 노력하는데 잘 안 되네."

엄마는 '자신을 위해' 노력하는데, 그것이 잘 안 되니 아이에게 도움을 요청한다. 이런 말을 들은 아이는 대부분 엄마를 도우려는 마음이 들것이다.

집안일, 직장 일, 아이를 양육하는 일 모두 어려운 일이다. 어려운 일을 하다 보면 갈등을 겪는다. 갈등을 겪을 때 '아이 탓'을 하는 것은 아이의 마음과 상관없이 내 마음을 받아 달라고 떼를 쓰는 것과 같다. 이런 반응으로는 아이의 행동을 변화시킬 수는 있어도 마음을 얻을 수는 없다.

반면에 나에게 생기는 어려움을 나의 탓, 엄마만의 감정 탓으로 돌리면 상황이 180도 달라진다. 아이에게 엄마의 힘든 마음, 어려운 상황을 전하면 아이는 당연히 사랑하는 엄마를 도울 것이다. 그리고 엄마를 위해 노력할 것이다.

아이의 자존감이 높아지거나 낮아지는 것은 엄마의 반응에 달려 있다. 그리고 엄마의 반응은 자신이 행복한지 불행한지에 따라 다르게 나타난다. 그러니 엄마의 행복이 아이의 자존감을 높인다는 것을 잊지 말아야 한다.

행복한 엄마,
아이의 자존감을 키우는 말 말 말

"너희들이 있어 행복해."

　우리 아이들이 네 살, 일곱 살 때였다. 어느 날 감기몸살로 꼼짝할 수 없었다. 침대에 이불을 뒤집어쓰고 누웠다. 아이들이 평소와 다른 엄마의 눈치를 보며 "엄마 왜 그래?" 하고 물었다. "엄마가 몸이 좀 아파. 그러니까 동생 데리고 놀고 있어 줄래?" 하고 부탁했다. 방문을 닫고 나간 아이들이 한참 뒤에 다시 들어왔다. 작은아이는 내 머리를 짚고, 큰아이는 물이 줄줄 흐르는 물수건을 내 이마에 올려놓았다. 그리고 작은아이가 내 다리를 주무르기 시작했다. 큰아이가 "쉿~! 엄마 자니까 조용히 주물러" 하며 작은 소리로 동생에게 말했다. 이마에 얹은 물수건에서 물이 흘러 귓속으로 들어갔다. 하지만 난 눈을 뜰 수 없었다. 아이들끼리 엄마를 걱정하는 대화가 너무 사랑스러웠기 때문이다.

아이들은 내 옆에 양쪽으로 누워 나를 재우듯 가슴을 토닥여주었다. 그러다가 자기들이 잠이 들어 버렸다. 나는 물이 줄줄 흐르는 물수건을 들고 거실로 나왔다. 거실은 아이들이 엄마를 간호하기 위한 준비 때문에 어질러져 있었다. 하지만 난 지저분해진 거실이 아름다워 보였다.

한참을 잔 아이들이 눈을 비비며 일어났다. 큰아이는 일어나자마자 내게 안기며 "엄마 괜찮아?" 하고 물었다. 나는 큰 아이를 꼭 안으며 "너희가 엄마를 간호해줘서 다 나은 것 같아. 엄마는 너희가 있어서 행복해"라고 말했다. 아이들은 자신들이 엄마를 낫게 했다는 뿌듯함으로 무척 흥분했다. 그리고 퇴근하는 아빠를 보며 자신들이 엄마를 낫게 해드렸다며 자랑했다.

아이들은 표현해야 안다. '너를 사랑한다.'고 말해야 사랑하는 줄 알고 '네가 아프면 엄마도 아프고 걱정된다.'고 말해야 엄마에게 있어 나 자신이 소중한 존재임을 안다. 부모도 그렇다. 자녀가 부모에게 '사랑해'라고 말해야 그 사랑을 안다. 서로 사랑하고 소중한 존재임을 알면서도 막상 그런 말을 들으면 더욱 행복해진다.

엄마와 긍정적인 관계를 맺고 있는 아이들은 끊임없이 엄마에게 사랑을 표현한다. 엉덩이춤으로 엄마를 기쁘게 해주는 것은 물론, 유치원에서 '엄마, 사랑해요.'라고 쪽지편지를 쓰고, 알록달록 날씬하게 엄마를 그린다.

어느 날 혜솔이가 손에 무언가를 꼭 쥐고 집에 갈 준비를 했다. 그런데 꼭 쥔 손을 펴지 않으니 점퍼를 입기도, 신발을 신기도 어려웠다. 손에 무엇이 있냐고 물어봐도 혜솔이는 고개만 저었다. "선생님이 궁금해서 그래. 구경만 할게." 하면서 혜솔이의 손가락을 하나씩 폈다. 혜솔이의 손에는 장난감 구슬로 만들어진 반지가 있었다.

"엄마 주려구요."

"혜솔이 엄마는 좋겠다. 혜솔이가 반지도 만들어 주고."

"우리 엄마는 반지가 없어요. 그래서 만들어줘야 해요"

비싼 반지는 아니지만, 혜솔이가 엄마를 사랑하는 마음이 들어간 반지다. 이때 혜솔이의 마음이 담긴 반지를 받은 엄마의 반응이 무척 중요하다.

"엄마는 반지 필요 없어."

"엄마는 구슬 반지보다 금반지가 좋아"

"응, 거기다 놔둬."

이렇게 무심하게 반응하면 엄마에 대한 아이의 사랑이 시든다. 그리고 반지를 무시하는 것을 자신을 무시한다고 느낀다. 나아가 엄마는 자신을 사랑하지 않는다고 느낀다. 그리고 자존감 또한 낮아진다. 물론, 아이는 앞으로 엄마를 위한 일을 하지 않을 것이다.

반대의 반응을 보이면 어떨까?

"어떻게 알았어? 엄마가 반지가 없어서 슬펐는데, 엄마를 생각하는 혜솔이가 있어서 너무 행복하다."

엄마의 이 한마디에 아이는 자신이 엄마를 행복하게 해주었다고 생각하며 뿌듯함을 느낀다. 아이는 자신의 힘으로 엄마를 행복하게 해 줄 수 있음을 알고 엄마를 기쁘게 해주기 위해 더 노력한다.

이처럼 부모가 아이가 베푼 사랑에 감동하고 행복함을 표현하면, 아이는 부모도 자신의 사랑이 필요함을 알게 된다.

"난 지금 너의 그 모습이 좋단다."

6~7세 정도가 되면 아이들은 저마다의 기준으로 친구들을 비교하기 시작한다.

"진주는 얼굴이 정말 예뻐. 공주 같아. 그런데 나는 얼굴이 까매."

"철수는 달리기를 잘하는데, 나는 매번 꼴찌야."

"윤범이는 키가 커서 형아 같은데, 나는 작아서 동생 같아."

"민준이는 그림을 잘 그리는데 나는 못 그려."

"나는 공부를 못해."

이처럼 누가 뭐라고 말하지 않았어도 자연스럽게 아이들끼리 비교한다. 그리고 자신의 부족한 부분을 실망스럽게 말한다.

만약 아이가 "엄마, 나는 왜 키가 작아?"라고 물어봤을 때 다음과 같이 대답한다고 가정해보자.

"네가 밥을 안 먹어서 그래."
"운동도 안 하고 게으름 피워서 그래."
"네 아빠 닮아서 그래."

아마도 아이가 분발하길 바라며 대답한 것일 테지만, 아이는 이런 말에 상처받는다. 아이가 그런 질문을 한 것은 자신의 속상한 마음을 엄마가 알아주기 바라서이다. 그런데 아이의 말에 엄마가 동의한 꼴이 돼버렸으니, 아이는 자신이 부족한 사람이라고 생각하게 된다.

'나는 정말 못생긴 아이!'
'나는 운동도 못 하는 아이!'
'나는 키가 크지 않을 아이!'
'나는 그림을 못 그리는 아이!'

넷째 마당

'나는 공부도 못하는 아이!'

아이의 마음에 이렇게 각인돼버리면 아이는 노력할 마음을 먹지 않는다.

"고슴도치도 자기 새끼는 예쁘다."는 속담이 있다. 맞는 말이다. 얼굴이 예쁘지 않아도, 운동을 잘하지 못해도, 밥을 잘 먹지 않아도, 공부를 못해도 상관없다. 내 자식이기에 있는 그대로 인정하고 사랑해 주어야 아이는 자신을 사랑하게 된다. 그리고 자신이 좀 부족하다는 생각이 들어도 부모의 격려 덕분에 편안한 마음으로 노력하게 된다.

"네가 얼굴이 까맣고, 키가 작아도 엄마는 네가 제일 좋아."
"공부를 못해도 너는 엄마의 소중한 아들이야."
"엄마는 지금 네 그 자체로 좋단다."

이렇게 말하면 아이는 스스로 부족함을 느끼더라도, 세상을 살아갈 자신감이 생긴다.

"오~우, 잘했다."

5월, 가족의 달의 맞이하여 가족을 그리는 시간을 가졌다. 그림 그리기를 싫어하는 민수는 큰 도화지에 엄마, 아빠, 동생과 자신을 뼈대만 있는 졸라맨으로 그려왔다. 선생님은 순간 "너희 식구는 모두 졸라맨이니?" 하고 질문할 뻔했다. 하지만 마음을 고쳐먹고 "오~ 그리느라 애썼다. 가족이 무엇을 하는 그림이야?" 하고 관심을 보였다. 민수는 잠시 생각하더니 "어제 가족이 배드민턴 채로 공 팅기기 시합을 했어요. 동생은 2개밖에 못했지만, 나는 10개나 했어요."라고 대답했다. 선생님은 "와~ 정말 재밌었겠다. 이렇게 민수처럼 가족과 함께했던 것을 기억해서 그려보자." 하며 민수의 그림을 칠판에 붙여주었다.

사실 민수의 그림은 칭찬할 만한 그림이 아니었다. 그러나 선생님은 민수가 그림 그리기에 흥미가 없는 것을 잘 알고 있었다. 또한, 흥미를 느끼지 못하는 아이에게 더 잘하라고 해봤자, 짜증만 낸다는 것을 알았다. 그래서 표현보다는 스토리에 신경을 쓴 것이다.

선생님이 다른 친구들의 그림 스토리를 듣기 위해 분단을 돌아다니는 동안 칠판의 민수 그림이 없어졌다. 선생님이 놀라서 민수의 그림을 찾으려 하다가 놀라운 광경을 보게 됐다. 민수가 졸라맨을 색깔별로 칠하고 있었던 것이다.

이처럼 선생님의 칭찬 한마디가 민수에게 기쁨과 뿌듯함을 주었다. 그리고 민수에게 그림 그리기 의욕을 북돋워 주었다.

아이들은 좋아하는 분야가 모두 다르다. 그런데 일률적인 잣대로 잘하는 아이와 못하는 아이를 구분하면 아이들은 의욕이 꺾이고 만다.

어른들도 마찬가지겠지만, 아이들은 주위의 어른에게 인정받고 싶어 한다. 이때 결과나 능력이 아닌, 노력하는 마음을 보고 칭찬해야 아이가 한 뼘 더 성장한다.

매일 깨워야 일어나는 아이가 어느 날 스스로 일어나면, 그것을 격하게 칭찬하자. 스스로 밥을 먹지 않던 아이가 혼자 밥을 먹으면 그것 또한 칭찬하자.

칭찬과 격려는 더 잘하라고 재촉하는 말이 아니다. 그저 아이의 행동을 잘했다고 토닥여주는 말일 뿐이다. 그런데 아이는 그 말이 좋아서 더 잘하기 위해 노력하고 또 칭찬받고자 한다. 반면에 노력했는데도 아무런 반응이 없으면 아이는 자신의 노력에 가치를 느끼지 못한다.

"도와줘서 고맙다"

"누가 선생님 좀 도와줄래?"
"저요! 저요! 저요!"
선생님의 도움을 요청하는 말에 아이들은 목이 터져라 손을 들고 외친다. 친구 한 명이 지목됨과 동시에 크게 실망하는 아이들. 아이들은 그렇게 어른을 돕고 싶어 한다. 아이는 "선생님을 도와줘서 정말 고마워"라는 칭찬 한마디면 어깨가 펴진다.

이처럼 칭찬을 받기 위해 애를 쓰는 아이들이기에 선생님 심부름은 '꼬마 선생님'이란 당번을 정해 돌아가며 시킨다. 꼬마 선생님이 된 아이는 새벽부터 엄마를 깨워 유치원에 등원한다.

그런데 유치원과 달리 가정에서는 아이들이 엄마를 도우려 하지 않는다. 왜 그럴까? 그것은 부모가 아이를 나약한 존재로 생각하기 때문이다. 그러면 아이 또한 자신은 도움을 받아야 하는 존재로 생각한다. 그래서 부모의 수고를 당연한 것으로 여기고 도우려 하지 않는다.

그러므로 부모의 일을 아이가 돕도록 기회를 주어야 한다. 그리고 아이의 수고에 "고마워. 덕분에 힘을 덜었어." 하며 칭찬해야 한다. 그러면 아이는 자신보다 큰 존재를 도울 수 있다는 뿌듯함, 자신이 무엇인가를 해냈다는 성취감을 느낀다. 이런 긍정적인 감정은 자신을 멋진 존재로 생각하게 한다.

따라서 일부러라도 아이가 부모를 도울 수 있는 상황을 만들어 어른에게 고맙다는 말을 들을 수 있도록 하면 좋다. 단, 부모가 하기 귀찮아서 시키는 일은 아이도 하기 싫어한다. 기쁜 마음으로, 아이가 해낼 수 있는 수준으로 부모를 도울 기회를 주자. 그리고 도와줘서 고맙다는 표현을 꼭 하자. 그러면 아이는 엄마, 아빠를 돕는 일을 즐거워한다. 즐거운 일이니 계속해서 돕게 되고, 커서도 부모를 돕는 것을 당연하게 생각한다.

아이는 사랑을 받기만 하는 나약한 존재가 아니다. 가정의 일원으로서 가정에 도움을 주는 경험은 아이의 자존감을 키워준다.

최초의 사회적 관계는 '엄마', 엄마와 함께 키우는 사회성

유치원을 다니기 시작하면서 혜원이의 대화 주제는 '친구'로 거의 고정됐다.

"친구가 좋아."
"친구랑 소꿉놀이했어."
"친구가 나보고 예쁘대."
"오늘 주혜가 안 놀아줬어."
"친구가 때렸어."

혜원이의 유치원 이야기가 엄마로선 신기하기만 하다. 어떤 때는 친구와 재밌게 놀았다는 말에 엄마도 덩달아 신난다. 하지만 친구가 안 놀아준다는 말을 들을 때는 걱정도 된다. '우리 아이가 친구와 못 어울리나', '친구들이 괴롭히지는 않나' 하며 조바심낸다.

아이들은 대략 만 3세 정도가 되면 서서히 친구를 알아간다. 이전까지 아이는 엄마의 '껌딱지'다. 엄마와 같이 있기만 해도 좋고, 엄마와 노는 것은 더 즐겁다. 그러다 어느 순간 아이의 대화 주제가 '친구'로 바뀐다. 친구와 놀면 재밌다. 좋아하는 친구가 생기고 싫어하는 친구도 생긴다. 이제 아이는 엄마로부터 서서히 독립을 준비하는 것이다.

요즘 '혼술, 혼밥'이란 단어가 유행이다. 다른 사람과 맞춰야 하는 번거로움과 부담을 피하고자 혼자 밥 먹고, 혼자 술을 마신다. 하지만 항상 혼자일 수는 없다. '인간은 사회적 동물'이라는 말처럼 인간은 사회를 떠나서는 살 수 없다. 그러므로 사회성은 아이의 삶에 있어 매우 중요한 능력이다.

그렇다면 내 아이의 사회성 교육을 어떻게 해야 할까? 아이의 사회성 발달은 가정에서부터 이루어진다. 사회적 관계를 맺는 첫 대상이 엄마이기 때문이다. 엄마와 아이가 애착 관계를 잘 형성하여 신뢰감을 가지면 아이는 다른 사람에게도 엄마처럼 신뢰감을 느끼고 긍정적으로 다가간다. 이렇듯 엄마는 아이의 사회성 발달에 큰 영향을 미친다.

엄마와의 대화 습관 또한 친구와의 대화 습관으로 이어진다. 엄마가 아이의 이야기를 들어주는 자세가 아이가 친구의 이야기를 들어주는 자세가 된다. 엄마가 아이의 마음에 잘 공감하면, 아이도 친구의 마음에 잘 공감한다. 엄마가 아이의 행동에 인내하고 감정조절을 잘하면, 아이도 친구의 행동에 인내하고 감정조절을 잘한다. 엄마가 아이와 협의를 통해 문제를 해결하면, 아이 역시 친구와 이견조율을 잘하는 현명한 아이가 된다.

다섯 살에 유치원에서 처음 만난 신영이는 말수도 적고 항상 무표정이었다. 눈도 잘 마주치지 않았다. 양손으로 볼을 잡고 내 눈과 마주하도록 장난을 쳐야 겨우 쳐다볼 뿐이었다. 신영이는 친구에게 다가가지 않고 늘 혼자였다. 그래서 신영이에게 함께 놀자는 제안을 하도록 친구들에게 부탁했다. 하지만 신영이는 채 5분도 놀지 못하고 놀이 그룹에서 나와버렸다.

그래서 신영이 엄마와 상담을 했다. 신영이는 연년생으로 동생이 둘이나 있었다. 다섯 살 신영이는 아직 어린 나이지만, 맏이로서 언니 노릇을 해야 했다. 엄마의 사랑은 언제나 동생들 몫이었기에 신영이는 항상 불만이 많았다.

엄마는 연년생 아이를 보살펴야 하니 신영이까지 챙길 여력이 없었다. 신영이가 유치원에 가는 것을 좋아하는 것 같고 친구들에 대한 불만을 이야기하지 않으니, 엄마는 특별히 신영이를 걱정하지 않았다. 그러나 선생님은 신영이를 걱정했다. 의욕이 없고, 항상 무표정했기 때문이다. 신영이는 친구들과 어울리지도 못했고, 자기 생각도 잘 표현하지 않았다.

우선은 엄마에게 신영이가 유치원에서 어떻게 행동하는지 전하고 가정에서 관심을 부탁했다. 동생들을 챙기느라 많은 시간을 할애할 수 없더라도 틈틈이 신영이에게 관심을 보여주는 게 필요하다고 말했다.

유치원의 모든 선생님에게도 신영이에게 관심을 부탁했다. 나 역시 신경을 써 행동으로 옮겼다. 신영이의 옷, 머리 모양, 액세서리 등에 대해 일일이 아는 척을 해주었고, 신영이가 등원하면 무릎에 앉히고 스킨십을 나누었다. 그리고 신영이에게 장난도 쳤다.

"눈이 너무 예쁜 신영이가 너무 좋아."
"주말에 신영이가 너무 보고 싶어서 눈물이 날 뻔했어."
"오~ 신영이가 혼자 신발도 잘 벗고 정리도 잘하는구나~"

이렇게 신영이에게 적극적으로 사랑 표현을 하자 신영이는 점점 나와 눈을 마주쳐주었고, 7~8개월이 지난 후에는 미소를 짓기 시작했다.

이제 여섯 살이 된 신영이는 나를 보면 먼저 눈을 맞추려 얼굴을 내민다. 그러나 아직도 친구들에게 적극적으로 다가가진 못한다. 하지만 친구가 먼저 "신영아, 시켜줄까?" 하면 고개를 끄덕이며 놀이에 참여하고 즐거워한다.

> "어린 시절 엄마와의 애착 관계가 성장 후 인간관계에 많은 영향을 미친다."

대상 관계 이론으로 심리학과 교육학에 지대한 영향을 미친 존 보울비(John Bowlby)의 말이다. 그에 따르면, 아이들은 부모에게 받은 사랑만큼 다른 사람에 대한 두려움이 없어진다. 그러나 부모에게 충분한 사랑을 받지 못하면 사람에 대한 불신과 두려움 때문에 친구 관계 형성에 어려움을 겪는다.

그렇다고 부모와 안정적 애착 형성이 저절로 친구를 만들어 주는 것은 아니다. 친구와 충분히 어울리고 부딪혀야 관계 맺는 기술을 습득할 수 있다.

엄마들은 종종 "엄마는 어릴 때 부모의 도움 없이도 친구를 사귀었다."라는 말을 한다. 그러나 시대가 바뀌었다. 눈만 뜨면 밖으로 뛰어나가 놀던 시대와 지금은 다르다. 지금은 놀이터가 아니라 학원에 가야 친구를 만난다. 유치원 어린아이들도 서로의 스케줄을 맞춰가며 집으로 초대해서 논다. 이처럼 친구와 어울려 놀 수 있는 상황을 만들어 주는 부모의 노력이 없으면 친구를 사귀는 일조차 어려운 시대가 되었다.

　오랫동안 유치원에서 다양한 아이들과 생활하며 느낀 점이 있다. 가정에서 부모와 잘 지내는 아이는 유치원에서도 친구들과 문제가 없다는 것이다. 친구들과 잘 어울리는 아이들은 유치원 생활이 마냥 즐겁다고 말한다. 하지만 부모와 갈등이 있는 아이는 친구들과도 잘 어울리지 못한다.

　그러므로 부모는 먼저 자신과 아이와의 관계를 살펴봐야 한다. 그리고 아이가 다른 사람과 잘 어울릴 수 있는 사회적 기술을 익힐 수 있도록 도와주어야 한다.

아이의 사회성을 키우는 기술

배려의 마음 키우기

"내가 양보할게."
"고마워~"

    화장실 앞에 줄을 서 있는 아이들 사이로 지연이가 발을 동동 구르며 왔다. 그러자 소희가 지연이에게 순서를 양보했다. 지연이는 얼마나 급했던지 변기에 앉고 나서야 고맙다는 말을 할 수 있었다. 아이들에게 줄을 양보하는 일은 쉬운 일이 아니다. 아이들은 맨 앞에 서기 위해 걸핏하면 다툰다. 하지만 소희는 급한 지연이를 생각해서 순서를 양보했다.

배려란 '나' 자신보다 '상대'를 먼저 생각하는 마음이다. 상대를 이해하고 도와주며 나의 것을 나누어줄 수 있는 마음이 배려다. 내가 상대를 배려하면 상대는 나에 대한 좋은 감정이 생긴다. 그것이 배려의 힘이다.

배려는 저절로 되는 것이 아니다. 왜 배려를 해야 하는지, 어떻게 하는 것이 배려인지 배우고 알아야 할 수 있다. 그러면 배려는 어떻게 배울 수 있을까?

첫째, 배려하는 부모의 모습을 보며 자연스럽게 배운다. 다른 사람에게 친절한 모습, 버스나 지하철에서 자리를 양보하는 모습, 옆집과 음식을 나눠 먹는 모습, 뒷사람을 위해 엘리베이터를 잡아주는 모습 등, 부모가 일상에서 남을 배려하는 모습을 보며 배운다.

그런데 간혹, 자녀를 가르치기 위해 인위적으로 배려하는 경우가 있다. 하지만 결국은 얄팍한 마음을 들키게 되어 부모에 대한 부정적 인식을 하게 한다. 따라서 부모는 진심에서 흘러나오는 배려의 모습을 보여줘야 한다.

둘째, 배려하는 이유를 알려주어야 한다. 큰아이가 다섯 살 때였다. 전철에서 큰아이를 무릎에 앉히고 이런저런 이야기를 나누고 있었다. 그때 할머니께서 우리 자리 근처로 오셨다.

"할머니, 여기에 앉으세요."

"아이고~ 고마워요."

큰 아이와 나는 할머니께서 불편해하실까 봐 전철 문 쪽으로 자리를 옮겼다. 그때 큰 아이가 물었다.

"우리 내릴 거야?"

"아니?"

"근데 왜 여기로 왔어?"

"할머니 앉으시라고 양보 한 거야. 왜 양보한 것 같아?"

"음~ 할머니는 늙고 우린 젊어서"

"하하하. 맞아 우리는 젊어서 다리가 튼튼하잖아. 그런데 할머니는 힘이 없으실 것 같아서 그랬어."

"우리 착한 일 한 거야?"

"그럼~ 불편한 사람을 도와주는 게 착한 일이지."

그 뒤로 큰아이는 한참 동안 자신이 '젊다'라는 말을 입에 달고 다녔다. "난 젊으니까 과자 나눠줄게.", "나는 젊으니까 줄을 양보할 테야." 하면서.

아이는 자기의 불편함을 감수하며 다른 사람을 위해 행동해야 하는 이유를 모른다. 그러므로 끊임없이 설명해주고 가르쳐야 한다. 이때 무조건 양보하라고 말하기보다 왜 해야 하는지를 설명하면, 나중에는 스스로 알아서 하게 된다.

셋째, 칭찬과 격려로 배려하는 습관을 만들어줘야 한다. 자기 것을 나눠주거나 자기의 불편함을 감수하며 상대를 돕는 일은 쉬운 일이 아니다. '마음 따로, 몸 따로'일 때가 많다.

아이들이 등원하며 원장님과 인사를 나누기 위해 줄을 서는데 다섯 살 동생이 줄의 중간에 끼어들었다. 여섯 살 세빈이가 동생을 앞에 세우고는 나를 바라보며 큰소리로 "누나가 양보해줄게"라고 말했다. 자기가 양보하니 원장선생님이 봐달라는 뜻이었다. 내가 엄지를 척 세워주며 잘했다는 반응을 보이자 세빈이가 씩, 웃었다.

이렇듯 아이들은 옳은 일을 하기 위해 노력한다. 어른들은 그 노력을 인정해주고 칭찬과 격려를 해주어야 한다. 칭찬과 격려가 아이의 즐거움이 되고, 즐거움이 이어지면서 습관이 된다.

아이도 친구의 행동이 옳은지 그른지를 판단할 수 있다. 자신에게 장난감을 나눠주고, 친구가 속상했을 때 달래 주고, 친구가 어려울 때 도움을 주는 친구를 좋아한다. 이렇게 친구와의 즐거운 경험들이 사회성 발달에 중요한 영양분이 된다.

친구에게 다가가는 기술을 익혀요

"선생님~ 우리 아이가 친구들이 자기와 안 놀아 준다고 속상해해요."

부모님과 상담을 하다 보면 '친구'에 대한 고민 상담이 가장 많다. 아이가 친구들과 어울리지 못하는 이유는 여러 가지가 있다. 그중 가장 큰 이유는 '친구에게 다가가는 기술이 없기' 때문이다. 놀고 싶으면 "나도 시켜줘" 하면 된다고 쉽게 생각하지만, 그것이 어려운 아이가 있다.

부끄러워 말을 못 하는 아이, '만약에 안 시켜주면 어쩌나?' 걱정이 많은 아이, 어떻게 다가가야 할 줄 몰라서 눈치 없이 끼어들어 방해하는 아이 등이 그렇다.

가정에서는 굳이 아이가 시켜달라는 말을 하지 않아도 부모가 알아서 먼저 손을 내민다. 부모는 아이가 요구하는 것을 모두 들어주는 친절한 친구다. 이렇게 친절한 친구와 놀던 아이는 다른 친구에게 맞추는 방법을 모른다. 그러므로 바뀐 환경에서 아이가 어떻게 행동해야 하는지, 왜 그렇게 해야 하는지를 구체적으로 알려주어야 한다. 여섯 살 채윤이가 그랬다.

"친구들이 왜 채윤이랑 안 놀아주는 것 같아?"
"몰라."
"채윤이는 누구와 놀고 싶은데?"
"소연이랑, 민주랑. 그런데 게네는 둘이서만 놀아."
"네가 놀고 싶다고 말해봤어?"
"아니."

"네가 놀고 싶다고 말을 해야 해."

"왜?"

"네가 말하지 않으면 그 친구들은 채윤이의 마음을 몰라. 채윤이가 놀고 싶다는 말을 해야 친구들이 채윤이 마음을 알고 채윤이와 놀아줄 수 있어."

이렇게 말해주면, 채윤이는 친구들이 자신을 싫어하는 것이 아니란 것을 안다. 그리고 자신이 먼저 다가가서 마음을 전해야 한다는 것을 깨닫는다.

민중이가 울면서 온다.

"선생님~ 선우가 나보고 안 시켜준대요"

"그게 아니고요. 세 명이 하는 게임인데 들어올 자리가 없어서요."

선우를 포함해서 세 명이 게임을 하고 있는데 민중이가 무조건 자기도 하겠다며 자리를 비집고 앉으려 했단다. 놀이에 방해가 되니 선우는 '안 된다'고 했을 것이다.

"민중이도 함께 놀고 싶었구나. 그럼 먼저 어떻게 해야 할까?"

"말해야 해요."

"그래, 나도 시켜줄 수 있는지 물어봐야 해. 그래서 시켜줄 수 있

으면 함께하고, 그렇지 않을 때에는 게임이 끝날 때까지 기다려야
다시 시작할 수 있어."

이번에는 선우에게 묻는다.

"선우는 민중이가 놀이에 방해가 되니까 안 된다고 했구나."
"네."
"그런데 무조건 안 시켜준다고 말하면 민중이 마음이 어떨까?"
"……."
"민중이가 싫어서 안 시켜주는 줄 알고 마음이 속상하단다."
"싫어서 안 시킨 것이 아니에요."
"그래 맞아. 그러니까 선우의 마음을 말해야 해. '지금은 게임을
하고 있으니 이거 끝나면 시켜 줄 수 있어.'라고 말해야 친구가 속상
하지 않게 기다릴 수 있단다."

이처럼 내 마음을 말하고 친구들이 도울 수 있도록 표현법을 가
르쳐야 한다. 아이들은 상대가 속상하지 않게 다가가고 거절하는 방
법을 가르침을 통해 알 수 있다.
그러나 마음이 급한 어른은 상대의 마음을 알려주지 않은 채 대
신 해결하려 든다. "너희들 왜 민중이는 안 시키니? 시켜줘"라고 지
시한다. 어른이 대신 해결을 해주면 민중이는 문제가 생길 때마다 어

넷 째 마 당

른이 해결해 주기를 기다릴 것이다.

친구들끼리의 갈등은 서로에게 다가가는 기술을 배울 절호의 기회다. 물론 한두 번 가르친다고 금세 행동이 달라지지 않는다. 익숙해질 때까지, 어른에게서 독립할 때까지 끊임없이 가르쳐주어야 한다.

사회성의 기본은 공감 능력

"지민아~ 초대장 받아. 내 생일에 초대할게."

"나는 왜 안 줘?"

"너는 내가 좋아하는 친구가 아니거든."

"선생님~ 소명이가 나만 초대 안 해요."

여섯 살 소명이가 생일 초대장을 만들어 몇몇 친구에게 나누어줬다. 그 모습을 보고 초대장을 받지 못한 민주가 속상한 마음을 선생님에게 말했다. 난감해진 선생님은 민주를 달래줄 수밖에 없었다.

한 달여가 지난 후 민주도 생일을 맞이했다. 민주도 똑같이 소명이를 빼고 생일 초대를 했다. 소명이도 민주와 똑같이 속상한 마음을 선생님에게 털어놓았다. 게다가 소명이 엄마는 상처받은 소명이로 인해 선생님에게 불쾌한 기색을 내비쳤다.

공감 능력은 내 감정이 아닌, 다른 사람의 감정을 이해하고 행동하는 능력이다. 다른 사람 마음이야 어찌 되었건 내 마음에 맞는 행동만 하게 되면 친구들의 마음을 얻을 수 없다. 물론 좋아하는 친구와 그렇지 않은 친구를 마음속으로 구분할 수는 있다. 하지만 드러내놓고 좋고 싫음을 구분하여 표현했을 때, 친구의 마음이 어떨지 생각해 보는 연습이 필요하다.

일곱 살 예진이가 수빈이에게 말했다.

"넌 옷이 왜 그리 촌스럽니?"

"내 옷이 뭐가 어때서?"

수빈이는 선생님에게 다가와 울먹이며 억울한 마음을 털어놓았다. 선생님이 예진이에게 물었다.

"예진아, 만약에 수빈이가 네 옷이 촌스럽다고 말하면 네 기분이 어떨까?"

"내 옷은 촌스럽지 않아요."

"그래. 맞아. 네 옷은 촌스럽지 않아. 그런데 수빈이 옷도 촌스럽지 않아"

"난 촌스럽다고 생각해요."

예진이는 자신의 말이 수빈이를 속상하게 한다는 것을 이해하지 못했다. 다음날 예진이 엄마가 유치원에 왔다. 예진이가 이번 일로 선생님에게 꾸중 들은 것에 항의했다.

"자기 생각을 솔직하게 말하는 것이 잘못된 것인가요?"

물론 솔직함도 좋다. 그러나 다른 사람을 아프게 하는 솔직함은

넷째 마당

절대 바람직하지 않다. 어찌 보면 아이보다 부모의 공감 능력이 부족해 보일 때가 많다. 부모가 그러기에 아이들도 공감 능력을 배우지 못하는 것이다. 자칫 내 아이의 감정만을 위해 다른 사람의 감정을 무시하다 보면, 내 아이의 공감 능력은 향상하지 않는다. 그렇게 되면 사회성마저 부족해진다.

아이의 공감 능력을 위해 부모가 해야 할 일이 몇 가지 있다.

첫째, 아이의 감정을 읽어줘야 한다. 아이는 자신의 마음에서 일어나는 감정의 정체를 잘 모른다. 그저 마음 가는 대로 울고 웃을 뿐이다. 그럴 때마다 부모는 '아프구나', '속상하구나', '슬프구나', '재밌구나' 하면서 아이의 감정을 읽어줘야 한다. 그러면 아이는 상황에 따라 일어나는 감정의 의미를 깨닫게 된다.

둘째. 갈등의 상황에서 다른 사람의 감정을 이해하는 기회를 줘야 한다. 아이가 친구를 때렸다고 치자. 부모는 아이에게 "친구를 때리면 어떻게 해?" 하고 혼낸다. 하지만 아이는 왜 혼이 나는지 모른다. 맞아서 아픈 사람은 상대이고 자신은 아프지 않기에 친구가 왜 우는지 모르기 때문이다.

"너도 맞아 본 적 있어?"
"네."
"그때 어땠어?"

"아팠어요."

"지금 친구도 네가 때려서 어떨 것 같니?"

"아플 것 같아요."

"그래, 네가 때려서 아프대."

감정만 앞세워 친구를 때린 아이를 혼내게 되면, 아이는 때린 행동이 왜 잘못된 것인지를 모른다. 그러므로 아이가 다른 사람의 마음을 이해할 수 있도록 대화를 충분히 나눠야 한다. 그래야 아이는 비로소 다른 사람의 마음을 알게 된다.

셋째. 부모도 자신의 감정을 솔직하게 말해야 한다. 어른은 아이에게 자신의 감정을 표정과 행동으로 드러낼 뿐 말로 표현하지 않는다. 어린아이에게 어른이 무슨 시시콜콜 말하느냐, 라고 할 수 있다. 그러나 부모가 자신의 감정을 숨기는 모습을 보이면, 아이도 그 모습을 보고 배운다. 그러므로 부모는 자신의 감정을 아이에게 솔직히 말해줘야 한다. 그래야 아이도 부모의 감정을 공감하는 연습을 하게 된다. 그리고 연습이 충분해지면, 부모의 마음을 헤아리는 아이가 된다. 이처럼 부모와 자녀가 서로 공감하고 이해하는 관계가 되면 아이는 친구의 마음을 헤아려 행동하는 마음 따뜻한 아이가 된다.

용기 있고 적절한 자기 주장하기

"주아는 집에서만 대장이지 나가서는 한마디도 못 해서 속상해요."

부모 상담 시간에 주아엄마가 한숨과 함께 이야기를 꺼냈다. 주아는 며칠 전 놀이터에서 줄을 서서 그네를 기다리고 있었다. 그런데 같은 반 민진이가 주아 앞으로 끼어들었다. "내가 먼저 탈게" 하며 새치기를 한 거였다. 주아는 아무 말도 못 하고 뒤로 밀려났다. 나중에 집에 와서 엄마에게 말하며 짜증을 냈다. 주아의 그런 모습이 엄마로서는 무척 답답했던 모양이다.

자녀가 손해를 보면서도 하고 싶은 말을 못 할 때, 부모는 흔히 '속 터진다.'라고 표현한다. 주아 또래에서는 주아처럼 자기주장을 못 하고 끌려다니는 아이가 있다. 슬픈 일이지만, 이런 아이는 욕심 많고, 자기중심적이며 강한 성향의 아이에게 번번이 당한다.

일곱 살인 주아는 친구들에게 자기주장을 못 한다. 친구들이 이렇게 저렇게 시키면 그대로 할 뿐이다. 주아엄마의 이야기를 더 들어 보자.

"세상에 일곱 살 애가 어쩜 그럴 수 있어요?"

"무슨 일 있었나요?"

"민진이가 우리 주아에게 자기랑 놀고 싶으면 자기가 먹기 싫은 채소 반찬을 모두 먹으라고 했대요. 바보같이 주아는 그것을 꾸역꾸역 먹었대요."

"아, 저는 몰랐네요. 주아는 왜 말하지 않았을까요?"

"민진이가 안 놀아줄까 봐 그랬대요."

일곱 살 아이가 벌써 만만한 친구를 이용하려 하다니, 답답할 노릇이었다. 주아엄마는 그런 아이가 나중에 친구를 따돌리는 못된 아이가 될 거라며 무척 화를 냈다. 주아엄마의 마음은 충분히 이해가 됐지만, 주아도 자신의 좋고 싫은 감정을 용기 있게 말하는 연습이 필요하다는 생각이 들었다.

아이들은 유치원과 학교를 거쳐 더 큰 사회에 나가는 과정을 거치며 다양한 성향의 사람을 만난다. 그리고 성향 차이 때문에 종종 갈등을 겪게 된다. 그때마다 부모가 나서서 해결해 줄 수는 없다. 오히려 부모가 나서면 상황이 더 나빠질 수도 있다. 그러므로 아이 스스로 용기를 갖고 자기 생각을 주장할 힘을 키워야 한다.

그렇다면 자기주장이 분명한 아이로 키우기 위해, 부모는 어떻게 지도해야 할까?

첫째, 아이가 자기 생각을 표현하는 연습을 해야 한다. 대부분 부모는 아이의 생각을 듣기보다는 지시하려 든다. 아이가 자기 생각을 말하려 하면 말대꾸한다며 꾸중한다. 이래서는 아이가 자기주장을 하기 힘들다.

자기 생각을 표현하는 연습이 되지 않은 아이는 당연히 자기주장을 하기 어렵다. 물론 기질적으로 씩씩한 아이는 덜하다. 하지만 소극적이고 내성적인 아이는 자기표현 연습을 충분히 하지 않으면, 자기주장에 어려움을 겪는다. 부모는 평소 다양한 상황에서 아이의 생각을 묻는 말을 통해 아이가 자유롭게 표현할 기회를 줘야 한다.

둘째, 갈등 상황이 생기면 아이가 자기주장을 할 수 있는 기회로 삼아야 한다. 갈등 상황이 생길 때 부모는 문제를 빨리 해결하려고만 한다. 그래서 이야기를 대충 듣고 급하게 잘잘못을 판단한다. 심지어 강제로 화해를 시키고 마무리 짓는다. 부모는 상황을 마무리 지었다고 여기겠지만, 아이는 아니다. 그러므로 갈등 상황에서 서로 간의 충분한 이해를 돕고 진심 어린 마음으로 화해하도록 도와야 한다.

이때, 갈등이 생긴 상황을 각자에게 묻고 서로의 감정을 말하도록 한다. 그리고 상대방의 입장에서 상대방의 감정을 이해하도록 대화를 이어나간다.

"네가 이런 상황이었으면 어떤 마음일까?
"너는 저런 상황에서 어떻게 할 거야?"
"엄마라면 '내 거야. 하지 마'라고 말할 것 같아."

이처럼 아이가 쉽게 알아들을 수 있는 말로 상황에 따라 어떻게 표현해야 하는지를 가르쳐야 한다. 이런 연습을 반복하다 보면 어느 순간 용기를 내 자기 생각을 밝히고 상황이 뜻대로 이루어지는 경험을 하게 된다. 아이는 이런 과정을 통해 자기주장에 자신감이 생긴다.

셋째, 아이의 자신감을 키워야 한다. 자기 생각을 표현하는 데는 용기가 필요하다. 용기가 생기느냐 마느냐는 부모의 반응에 달려있다. 부모가 믿어주고, 기다려주고, 격려해주면 소심한 아이라도 조금씩 조금씩 달라질 수 있다.

넷째, 친구와 어울리는 상황을 만들어줘야 한다. 아이와 성향이 맞는 친구와 만나는 기회를 자주 만들어준다. 특히, 친구 사귀는 것을 어려워하는 아이의 경우, 부모의 의도적인 노력이 필요하다. 사촌끼리 만나게 하거나, 놀이터에서 자연스럽게 친구들과 만날 수 있도록 하거나, 아이가 좋아하는 친구들을 집으로 초대하여 함께 어울릴 수 있는 기회를 제공해야 한다. 어떤 방식으로든 친구를 많이 만나야 갈등도 겪고, 해결도 하면서 기술을 익힐 수 있기 때문이다.

소심하고 부끄러움이 많은 혜원이는 친구와 놀고 싶은 마음이 크다. 그러나 어떻게 다가가야 할지를 모른다. 유치원에서 자유롭게 어울리는 시간이 있기는 하지만, 대체로 주도적인 아이 위주로 그룹이 형성된다. 혜원이는 이 아이들과 놀고 싶지만, 어떻게 어울려야 할지 모른다. 선생님이 일부러 짝꿍도 해주고, 그 친구들과 엮어주기도 했지만, 혜원이의 소극적인 반응 때문에 오래가지 못했다. 그래서 부모 상담을 통해 혜원 엄마에게 말했다.

"혜원이는 놀이 경험이 부족해요. 가정에서도 동네 친구들과도 어울릴 기회를 주세요."

"저는 혜원이가 유치원에서 돌아오면, 집안에서 조용히 자매들끼 리 놀도록 해요."

나는 혜원 엄마에게 친구가 없는 혜원이를 위해 가정에서의 노력 을 부탁드렸다. 놀이터에 나가고, 친구를 초대하거나 친구 집에 방문 하는 것도 좋은 방법이라고 전했다. 그러나 혜원 엄마는 혜원이처럼 다른 사람과 어울리는 것을 부담스러워 했다. 혜원이가 엄마를 닮은 듯했다.

과연 내 아이는 또래들 사이에서 어떤 친구일까? 친구를 사귀는 방법을 배워야 하는 시기가 되면 내 아이의 사회성을 점검해보자. '다른 아이가 내 아이에게 어떤 상처를 주는가'만 생각하지 말고, 다 른 아이가 내 아이를 어떤 아이로 생각하는지를 먼저 살펴보자. 그래 야 아이를 어떻게 도와주어야 할지 알게 된다.

"네 생각은 어때?"
대화로 키우는 사고력

"으앙~"

"수민아~ 무슨 일이야?"

"지원이가 내 얼굴 꼬집었어요."

"지원이는 왜 수민이 얼굴을 꼬집었어?"

"······."

"수민아~ 무슨 일 있었니?"

"나도 저거 가지고 싶은데 지원이가······."

지원이가 수민이의 얼굴을 꼬집었어도, 두 명 모두에게 이야기를 들어야 억울하지 않다. 수민이는 꼬집힌 아픔을 말해서 선생님께 위로받았다. 그런데 다섯 살인 지원이는 말이 늦다. '싫어', '좋아', '내꺼'

라는 간단한 말만 할 뿐이다. 상황을 보니, 지원이가 가지고 있던 장난감을 수민이가 뺏은 듯했다. 지원이는 말로 못 하고 행동으로 속상함을 표했다. 지원이의 행동도 잘못이지만 빼앗은 수민이의 행동도 문제였다.

말이 늦으면 소통에만 문제가 생기는 것이 아니다. 사회성을 키우는 시기에 친구 관계에도 문제가 생긴다. 또한 억울한 일이 생겨도 말로 풀지 못하니 자존감이 떨어지기도 한다.

지원이 어머니는 지원이에게 언어치료까지 받게 하고 있다. 지원이 어머니 입장에서는 말을 잘하는 아이가 부러울 것이다. 그렇다고 말을 잘하는 아이가 발달이 빠르다고 단정할 수는 없다. 그런데도 또래보다 빠른 부분이 있다는 점만으로 부모의 어깨는 올라간다. 거기서 그치면 좋은데, 다른 학습 능력도 빠를 것으로 생각해 욕심을 부린다.

유치원 원아 모집을 하다 보면 학부모의 요구가 많다. 영어수업은 얼마나 하는지, 교재는 무엇을 쓰는지, 한글 교육은 얼마나 하는지 등등, 눈에 보이는 교육에 관심이 많다. 아이가 아직 학습할 준비가 되지 않았는데도 그 이상의 교육을 원한다.

아이가 학습 효과를 보기 위해서는 사고력이 뒷받침돼야 한다. 똑같은 내용으로 똑같은 시간을 가르쳐도 아이마다 배우는 속도가 다르다. 사고력이 높은 아이는 같은 내용을 공부해도 배우는 속도가 빠르다. 그리고 배운 내용을 기억도 잘한다. 그러나 사고력이 낮은 아이는 선생님의 설명을 이해하는 데 애를 먹는다. 이해하기 어려우니 건성으로 듣게 되고 수업에 흥미가 떨어진다.

유치원은 초등학교를 위한 선행학습의 장이 아니다. 유치원은 학습을 받아들이고 이해하고 판단하는 능력, 즉, 사고력을 키우는 곳이다.

한국의 좌·우뇌 교육계발 연구소의 홍양표 소장은 다섯 가지 종합 사고력에 대해 밝혔다. 보는 사고력, 듣는 사고력, 말하는 사고력, 읽는 사고력, 쓰는 사고력 등이 그것이다. 그런데 이러한 능력은 타고나는 것일까? 아니면 교육과 환경을 통해 얼마든지 키울 수 있는 것일까?

대부분 아이는 태어난 후 3년 동안 뇌가 급속하게 발달하고, 초등학교 입학 전 뇌 성장이 70%~80% 완료된다. 다시 말해 대부분 시간을 부모와 보내는 시기에 뇌 성장이 거의 끝난다는 말이다. 그러므로 이 시기를 어떻게 보내느냐에 따라 아이의 사고력이 높아질 수도 낮아질 수도 있다.

태어나서 만 5년 동안은 사고력뿐만 아니라 살아가는데 필요한 대부분의 능력을 키우는 시기이다. 이 시기에 기초를 잘 다져놓아야 아이의 장래가 밝다. 그런데 우리나라 부모는 자녀가 기초도 닦기 전에 고층빌딩을 세우려 한다. 기초가 약한 건물은 조금만 충격을 받아도 무너지고 만다. 그러니 유아기에는 기초를 단단히 다지는 데 초점을 맞추어야 한다.

그럼 다섯 가지 종합 사고력을 키우는 방법에 대해 알아보자.

■ 보는 사고력 키우기

아이를 유치원에 데려다주기 위해 길을 나선 상황을 가정해보자. 엄마는 유치원에 가는 동안 주변 환경에 관심을 보이는 아이와 이런 저런 얘기를 나누게 될 것이다.

"저것은 뭐지?"

"본 적 있니?"

"이것은 어디서 왔을까?"

엄마가 이런 질문을 하면 아이는 열심히 생각하게 된다. 그리고 나중에 그 길을 지날 때면 엄마와 나눴던 대화가 떠오르게 된다. 이런 대화가 습관이 되면 나중에 아이가 혼자 다니더라도 주변에 관심을 두고 생각의 폭도 넓힐 것이다.

반면에 또 다른 엄마를 생각해보자. 아이를 유치원에 데려다주는 것에 바빠, 아이의 발걸음보다 앞서 아이를 이끈다. 엄마에게 끌려가는 아이는 주변에 관심을 줄 틈이 없다. 그러니 유치원에 가는 동안 아무 생각 없이 가게 된다.

이처럼 같은 거리를 걸어도 주변을 관찰할 시간을 가진 아이와 그렇지 않은 아이의 학습 결과는 차이가 크다.

■ 듣는 사고력 키우기

많은 부모가 아이에게 "선생님 말씀 잘 들어.", "엄마 말 잘 들어." 라고 말할 뿐, 어떻게 듣는 게 잘 듣는 것인지 가르쳐주지 않는다.

아이는 본능적으로 듣기 좋은 말에 귀 기울인다. 따라서 부모가 거친 말투로 아이를 대하면 아이는 건성으로 듣게 되고, 듣는 능력이 떨어지게 된다. 그러므로 바르게 듣는 게 습관이 될 때까지 아이가 듣고 싶은 말투로 말을 전해야 한다.

또, 아이는 잘 들어주는 부모의 태도를 보고 배운다. 그러므로 부모는 아이의 눈을 보고 집중하며, 아이의 이야기에 반응하며 즐겁게 들어주는 태도를 보여야 한다.

■ 말하는 사고력 키우기

말하는 사고력은 자신이 보고, 듣고, 느낀 내용을 정확하게 전달하는 능력을 말한다. 아무래도 언어 발달이 빠른 아이가 유리할 수 있지만, 그렇다고 말하는 사고력이 무조건 높은 것은 아니다.

다섯 살 지연이는 말을 잘한다. 어린아이가 조잘조잘 쉴 새 없이 말하니, 말이 늦는 아이의 부모들은 부러워한다. 그러나 지연이는 "이그, 이그 네가 그렇지. 누가 이렇게 하래? 어?" 하며 친구를 혼내는 말, "너 이거 하지 마."라며 명령하는 말을 즐겨한다.

정확하고 똑 부러진 억양이 귀여울지는 몰라도 아이에게서 나올 만한 말은 아니다. 게다가 지연이는 선생님이 질문하면 "몰라요." 하며 피하기만 한다.

말하는 사고력이란 지연이처럼 어른의 말투를 모방하는 것이 아니다. 질문을 듣고 끊임없이 생각하고 자신의 의견을 조리 있게 말하는 것이다.

■ 읽는 사고력 키우기

아이가 글자를 알기 시작하면 부모가 가장 먼저 하는 말이 있다. "스스로 한번 읽어봐. 너 글자 알잖아." 그러면서 책 읽어주기에서 해방되려고 한다. 그러나 아이는 부모의 의도와는 상관없이 내키는 대로 대여섯 권의 책을 들고 와 부모에게 읽어줄 것을 요구한다. 안 읽어줄 수도 없는 부모는 그중에 글의 양이 적은 책을 골라 의무감으로 읽어준다. 계속 밀려드는 집안일에 힘든 부모의 마음을 어찌 모르랴. 하지만 글자를 읽기 시작했다고 '부모가 책 읽어주는 일'을 그만두어서는 안 된다.

이제 글자를 깨친 아이들은 책을 읽을 때 글자 하나하나를 읽는 데 더 신경 쓴다. 이렇게 글자 읽는 데만 집중하다 보면 읽은 내용을 이해하지 못하기가 쉽다. 그래서 한 번은 부모가 읽어주어 아이가 내용을 이해하도록 하고 그런 후에 아이 혼자서 책을 읽게 하면 좋다.

같은 책을 읽더라도 혼자 읽을 때와 부모와 함께 읽을 때 받아들이는 것이 다르기 때문이다. 아이의 사고력을 높이고 싶다면 아이가 책을 읽을 때 부모가 도움을 줘야 한다.

■ 쓰는 사고력 키우기

쓰는 사고력은 자기 생각을 글로 옮기는 능력이다. 학교에서는 일기 쓰기, 글짓기, 동시, 독후감 등, 다양한 장르의 글쓰기 수업을 한다. 쓰는 사고력을 키우기 위해서다.

쓰는 사고력이 발달하기 위해서는 앞서 살펴본 보고, 듣고, 말하고, 읽는 사고력이 충분히 발달해 있어야 한다. 그래야 각각의 장르에 맞는 글을 쓸 수 있다.

다섯 가지 종합적 사고력은 인간이 살아가는 데 꼭 필요한 능력이다. 듣고, 말하는 사고력은 유아기를 놓치면 키우기가 어렵다.

아이의 사고력을 키우는 가장 좋은 방법은 부모가 아이에게 질문을 많이 하는 것이다. 유대인과 한국인은 세계에서 교육열이 가장 높은 민족이라고 한다. 그런데 똑같이 교육열이 높아도 결과는 완전히 다르다. 유대인은 다양한 분야에서 세계적으로 이름을 떨치지만, 한국인은 그렇지 못하다. 교육 방법의 차이 때문이다.

유대인은 질문으로 아이의 생각을 끌어내어 키운다. 하지만 한국인은 명령과 지시로 아이를 부모가 원하는 방향으로 움직이게 한다.

이제 우리나라 부모도 유대인 부모처럼 질문과 대화로 아이의 생각을 끌어내어 사고력을 키우는 교육으로 방향을 바꾸어야 한다.

"어떻게 하면 좋을까?"
대화로 키우는 문제해결력

　　교실 한쪽 구석에서 철수와 준희가 하나의 블록을 동시에 잡고 서로 눈싸움을 하고 있다.

　"내가 먼저 잡았어."

　"아냐, 내가 먼저 잡았다고. 놔."

　분위기가 점점 사나워져 선생님이 개입한다.

　"무슨 일이야?"

　"내가 먼저 잡았는데 얘가 안 놔요."

　"아니에요. 내가 먼저 잡았어요."

　소유욕은 인간의 본능이다. 본능이 강한 아이일수록 소유욕으로 인해 친구와 갈등을 빚는다. 이렇게 욕심 때문에 다투는 일이 많아지고, 그로 인해 혼나는 일이 많아지면 자존감이 낮아진다.

그래서 자신의 욕심을 다루는 법, 다른 사람과의 갈등을 해결하는 법, 상대에게 적대감을 느끼지 않는 법 등을 배워야 한다. 이를 교육하는 시기는 아이가 "내 거야!" 하며 소유욕을 드러낼 때가 적당하다. 이때 나눔, 양보, 감사하는 마음을 갖도록 교육해야 한다. 이런 마음이 자라야 다른 사람과 함께 살 수 있는 사회적 인간으로 성장한다.

부모도 이러한 교육이 필요하고 중요하다는 점을 잘 알고 있다. 그러나 정작 그 실천 방법을 아는 부모는 많지 않다.

그 이유는 첫째, 내 아이에게 생기는 갈등을 안타깝게 여기기 때문이다. 그러나 마음에 상처가 생기고, 낫는 과정을 통해서 아이의 마음은 단단해진다. 부모의 과잉보호는 아이의 마음이 단단해질 기회를 앗아간다.

여섯 살 수호와 지호가 블록 놀이를 하고 있었다. 수호는 자신이 놀 블록을 미리 챙겨 숨겨두었다. 수호는 지호가 가진 사람 모양의 블록이 필요했다. 수호는 말도 없이 지호의 블록을 빼앗았다. 지호가 도로 뺏는 과정에서 수호의 손에 손톱자국이 났다. 결국 수호가 지호를 밀면서 욕을 했다. 지호는 넘어지며 머리를 벽에 부딪쳤다.

선생님은 아이들을 불러 이야기를 나눴다. 아이들은 충분히 상황을 이해했고 서로의 감정을 읽었다. 마무리로 서로에게 사과했다.

수호 엄마에게 이런 상황을 전했다. 그런데 엄마의 반응이 의외였다. 수호 엄마는 수호가 선생님께 지적받은 것을 불쾌하게 여겼다. 선생님의 설명보다 수호의 손등에 난 손톱자국에 화를 냈다.

"우리 아이가 억울하게 사과하는 상황이 안 생겼으면 좋겠습니다."

당연히 누구에게도 억울한 상황이 생기면 안 된다. 그러나 수호 엄마의 말은 '다른 사람의 마음은 중요하지 않다.'는 뜻으로 들렸다. 수호 엄마는 '내 아이의 마음이 어땠냐.'에만 관심이 있었다.

수호는 과연 가정에서 남을 이해하는 마음을 배울 수 있을까. 수호가 자기만 생각하는 본능적인 마음 그대로 성장한다면, '욕심쟁이 어른'으로 살고 말 것이다.

두 번째 이유는 아이의 갈등을 잘못된 행동이라고 여기기 때문이다. 아이들 사이의 다툼은 흔히 있는 일이다. 아이는 본능에 충실할 뿐, 자신의 행동이 옳은지 그른지 모르기 때문이다. 친구의 것을 가지고 싶어서 뺏었을 뿐이고, 친구가 주지 않아 때렸을 뿐이다. 아이의 눈에는 내 것보다 친구 것이 더 좋아 보인다. 그리고 친구의 몫이 더 많아 보여 속상하다.

이런 자연스러운 아이의 마음을 부모는 '나쁜 마음'이라고 지적

한다. 하지만 이는 나쁜 마음이 아니라 본능적인 마음이다. 따라서 나무라기보다는 본능적 욕구를 조절하고 억제하는 법을 가르쳐야 한다.

그러나 대부분 부모는 이런 상황이 생겼을 때 나무라기 바쁘다. 예를 들어 형제들끼리 장난감으로 다툼이 생기면, 부모는 교육의 기회로 삼기보다는 그 상황을 멈추는 데에만 급하다.

"둘 다 놔. 싸울 거면 아예 가지고 놀지 마."

빨리 해결하고픈 마음에 부모의 방식으로 해결하려 든다. 엄마가 장난감을 빼앗아 가면 당장 싸움은 끝나겠지만, 아이들이 과연 이 상황을 이해할 수 있을까? 아마도 아이들은 '너 때문에 엄마한테 뺏겼잖아.'라고 생각할 것이다. 엄마의 제지는 오히려 서로에 대한 원망과 분노를 키울 뿐이다.

여기서 한술 더 떠 "내가 못 살아. 왜 만날 만나면 싸우니? 지겨워 죽겠다."라며 아이들 때문에 엄마가 힘들다고 반응하면, 아이들은 자신을 '지겨운 존재, 부모를 못살게 구는 존재'로 생각하게 된다. 그러면 당연히 아이들의 자존감은 떨어질 수밖에 없다. 혹은, 부모를 괴롭히려 한 행동이 아니었기 때문에 부모의 반응이 어처구니없을 수도 있다. 그러면 아이는 부모에 대한 존경심이 사라진다.

부모는 최대한 공정한 방법으로 아이들의 갈등을 해결해야 한다.

아이는 부모가 공정하지 못하다고 생각하면 부모의 말을 듣지 않는다. 그러나 아무리 공정하게 한다고 해도 아이들 다툼에 자주 끼어들어서는 안 된다. 부모가 매번 심판자 역할을 하면 아이는 스스로 갈등을 해결하는 법을 배우지 못한다.

형제, 자매들의 다툼은 아이들끼리 해결할 수 있도록 하는 것이 좋다. 부모의 개입은 역효과를 불러올 가능성이 더 크다. 그러므로 갈등이 커질 경우, 부모는 질문으로 아이들끼리 해결해 나갈 수 있도록 도와주는 게 좋다.

"수민아, 이거 누구 거야?"

"언니 거야~ 언니 거."

"그래 언니 거야. 그런데 수진이가 언니 물건 망가뜨리면, 언니 기분이 어떨까?"

이어 수진에게 질문을 던진다.

"수진아. 무엇이 속상하니?"

"수민이가 만날 내 물건 만지고, 망가뜨려서 속상해"

"그래, 네 물건 망가뜨리면 속상하구나. 그런데 수민이가 왜 수진이 것을 망가뜨릴까?"

"아직 어려서 몰라서 그래."

넷째 마당

"아직 어려서 그렇구나."

"그럼 어떻게 하면 좋을까?"

"언니 거니까 만지지 마! 하고 말로 해야 해."

"그래, 말로 하면 좋을 것 같아. 그런데 말하면 수민이가 이제 안 만질까?"

"아니, 그래도 자꾸 만질 것 같아."

"그럼 어떻게 할까?"

"음~ 수민이 없을 때만 꺼낼까?"

"좋은 방법이네. 그런데 수진이 없을 때 수민이가 만지면 어떻게 해?"

"숨겨놓을까?, 수민이 모르는 곳에?"

"그래, 그것도 좋겠다."

물론 이렇게 대화를 이끌어간다고 단번에 달라지진 않는다. 하지만 먼저 수진이의 속상한 마음에 공감해줄 필요가 있다. 그러면 수진이는 속상한 마음이 조금 풀어진다. 그리고 부모가 '이렇게 해라, 저렇게 해라'라고 가르치기보다는 앞서 대화처럼 '어떻게 하면 좋을까?'하고 질문하는 것이 좋다. 이때, 아이가 좋은 방법을 제안하면 '좋은 방법이구나. 멋진 생각이구나.' 하고 맞장구를 쳐준다. 그러면 아이는 인정받은 느낌이 든다. 혹 아이가 생각해낸 방법이 별로 좋은 방법이 아니라면, 그 방법이 가져올 결과에 대해 질문한다. 그러면 아이는 그 방법이 좋지 않다는 것을 깨닫고 다시 좋은 방법을 생각하게 된다.

아이들의 다툼이 잦아지고 불만의 목소리가 커지면, 부모는 이를 심각하게 받아들여야 한다. 그리고 다툼의 원인이 무엇인지, 아이들의 다툼에 어떻게 반응했는지 되돌아봐야 한다. 그러면 아이들의 다툼을 교육적으로 활용할 방법이 보일 것이다. 부모가 올바르게 반응하면 아이들은 갈등 해결의 실마리를 스스로 찾아 해결할 것이다. 그리고 이 경험을 통해 한 단계 더 성장할 것이다.

"네가 주인공이라면?"
독서를 통해 다지는 사고력

"나무꾼이 왜 호수 앞에서 울었을까?"

"도끼를 빠뜨려서요."

"도끼를 빠뜨리면 어떻게 되는데?"

"또 사야 하니까 엄마한테 혼날 것 같아서 우는 거예요."

"만약에 승지라면, 도끼를 빠뜨렸을 때 신령님이 도와주지 않으면 어떻게 할 거야?"

"저금통에 있는 돈을 꺼내서 몰래 사서 가져올래요."

"왜?"

"혼나기 싫어서요."

"그럼 몰래 하는 일은 엄마를 속이는 나쁜 일이 아닐까?"

"아뇨. 왜냐하면 속이는 나쁜 일은 다른 사람 마음을 아프게 하잖아요. 엄마를 속상하지 않게 하려고 몰래 사는 거예요. 그러니까 나쁜 일이 아닌 것 같아요."

여섯 살 승지의 생각이다. 《금도끼 은도끼》 책을 읽고 승지와 서로 궁금한 점에 대해 질문했다. 질문과 대답이 꼬리에 꼬리를 물고 이어졌다.

유치원 아이들의 질문과 대답을 듣다 보면, 아이들의 생각이 보인다. 아이의 관심사와 아이에게 가장 많은 영향을 주는 사람이 누구인지도 안다. 그리고 생각의 깊이와 관심 분야, 나아가 아이의 성향과 가치관도 알 수 있다.

승지는 질문을 이해하고 적절한 대답을 잘 찾아낸다. 또한 자신의 실수에 엄마가 속상할 것이라며 다른 사람의 감정을 이해하고 있다. 여섯 살임에도 불구하고 선의의 거짓말도 알고 있다.

세상 그 어떤 일도 명확하게 옳고 그르다고 선을 그을 수 없듯이, 승지도 엄마를 속이는 일과 속상하게 하는 일 사이에서 자기 생각을 명확하게 표현했다. 여섯 살 아이라도 이렇게 자기 생각이 확실할 수 있다. 이것은 아이와 대화를 해 보지 않으면 알 수 없다.

말은 자기 생각에서 나온다. 생각 없이 말할 수는 없다. 그래서 질문을 하게 되면 아이는 생각을 하게 되고, 그 생각을 다시 말로 표현하게 된다. 이 과정을 통해 아이는 사고력을 키운다.

넷째 마당

'착한 일을 해야 좋은 일이 생긴다.'는 교훈이 담긴 책을 읽고 아이들에게 질문했다.

"애들아, 착한 일에는 어떤 것이 있을까?"
"밥을 잘 먹어야 착한 어린이예요."
"언니랑 싸우지 말고 언니한테 대들지 않아야 해요."
"착한 어린이는 울지 말고 웃으면서 말을 해요."
"엄마, 아빠 말씀을 잘 들어요."

선생님의 질문에 아이들은 비슷한 대답을 했다. 밥을 먹지 않는 수린이에게 부모는 밥을 잘 먹어야 착한 어린이라고 가르쳤다. 언니랑 매번 싸우는 소민이도 언니에게 대들지 말고 싸우지 않아야 착한 아이라고 부모에게 배웠다. 항상 울음으로 요구를 하는 소정이도 울지 않고 말을 해야 착한 어린이라는 말을 자주 들었다. 이렇듯 아이들은 자주 듣는 부모의 말에 의해 생각의 폭을 넓혀간다. 부모가 '착한 어린이'에 대한 다양한 관점을 심어주기보다는 아이의 문제 행동을 '착한 어린이'라는 명분으로 고치려 했기 때문에 아이들이 천편일률적인 답을 한 것이다.

그런데 수완이는 친구들과 다른 대답을 했다.

"전철역에서 어떤 아줌마가 돈을 달라고 했어요. 그래서 장난감

살 돈을 줬어요. 이렇게 불쌍한 사람을 돕는 게 착한 일 같아요."

"불쌍한 사람한테 돈을 주면 착한 일일까?"

"그런데 아빠는 내 행동은 착하지만, 그 아줌마한테는 좋은 일이 아닌 것 같다고 했어요."

"아빠는 왜 그렇게 생각했을까?"

"많은 사람이 돈을 주면 더 일을 안 하니까요."

"수완이 생각은 어때?"

"만날 주면 안 되고요. 가끔 줘야 할 것 같아요."

수완이의 생각이 궁금해서 질문을 계속 이어가니 수완이는 곰곰이 생각하며 조곤조곤 대답했다. 수완이 덕분에 '남을 돕는 일이 해가 될 수 있다'는 색다른 시각에서 토론을 해볼 수 있었다.

아이들은 직접 눈으로 보고, 귀로 듣고, 말을 하고, 몸으로 느끼며 배운다. 그저 '불쌍한 사람을 돕는 일은 좋은 일'이라고만 가르친다면 아이의 생각은 그 틀에서 벗어나지 못한다. 부모의 생각 테두리 안에 갇힌 아이들은 딱 그만큼만 사고력이 생긴다.

최근 주목받는 '하브루타 교육'은 세계적으로 유능한 인재를 많이 배출한 유대인의 교육법이다. 하브루타 교육법은 질문과 대답으로 서로의 생각을 주고받으며 사고력을 키우는 교육 방법이다.

유대인은 우리 민족과 비슷한 교육 환경과 교육열을 지니고 있다. 교육열이 높은 만큼 학업 성취도 역시 뛰어나다. 하지만 우리나라와 다른 점이 있다. 우리나라 학생들이 고등학교 시절까지만 국제 학업성취비교에서 두각을 나타내는 것과 달리, 유대인은 성장하면 할수록 세계적으로 두각을 나타낸다. 이는 우리나라 아이들이 부모와 선생님의 지시와 가르침을 달달 외우기만 하기 때문이다. 당장은 교육 효과가 높을지 몰라도 결국은 학습능력이 바닥을 보이고 만다.

유대인은 다르다. 질문을 듣고 스스로 생각하고, 결정하고, 행동한다. 그리고 시행착오를 경험한다. 이를 통해 스스로 학습하고 문제를 해결하는 자기 주도 학습 능력을 키운다.

이렇게 보니 하브루타 교육이 거창한 교육 방법처럼 보이지만, 그렇지 않다. 유대교 경전인 '토라와 탈무드'의 내용을 가지고 질문하고, 대화하고, 토론하고, 논쟁하도록 함으로써 아이 스스로 깨닫게 할 뿐이다. 그러므로 우리나라 부모들도 얼마든지 아이에게 하브루타 교육을 할 수 있다. 일상생활에서 아이에게 일어나는 다양한 상황, 책 내용 등을 질문과 대답을 통해 아이 스스로 생각해보도록 도와주면 된다.

아이들의 생각의 폭을 넓히고 깊이를 더하기 위해선 질문의 질이 좋아야 한다. 즉, 부모의 의미 있는 질문이 필요하다. 아이들은 부모의 질문의 방향에 따라 생각한다. 그리고 의미 있는 대답을 한다.

〈토끼의 재판〉이란 동화를 읽고 숙제를 내준 적이 있다. 부모와 자녀가 서로 질문하고 대답하며 생각을 나누도록 한 숙제였다.

내용은 이렇다. 길 가던 나그네가 구덩이에 빠진 호랑이를 구해 준다. 호랑이는 감사하기는커녕 구해준 나그네를 잡아먹으려 한다. 나그네는 토끼에게 올바른 판결을 내려 달라고 한다. 토끼는 기지를 발휘하여 나그네를 구해준다.

독서 후 토론 활동은 크게 네 가지 단계로 나누어 할 수 있다. 첫 번째는 내용을 묻는 단계다.

"나그네가 호랑이를 어떻게 구해주었니?"
"나그네는 왜 호랑이를 구해주었을까?
"왜 호랑이는 자신을 구해 준 나그네를 잡아먹으려 했을까?"
"다른 동물들은 왜 나그네의 편을 들어 주지 않았을까?"
"마지막에 호랑이는 왜 다시 구덩이로 들어갔을까?"
"재판이 무엇인지 아니?"

동화 내용을 묻는 말은, 아이의 이해력과 기억력을 키운다. 질문하는 부모도, 대답하는 아이도 읽고 들은 내용을 확인하는 수준이기에 질문과 대답이 어렵지 않다. 하지만 이 단계에 머무르지 않고 두 번째, 마음을 묻는 단계로 나아가야 한다.

"호랑이가 잡아먹겠다고 했을 때 나그네의 마음은 어땠을까?"
"소는 어떤 마음으로 호랑이 편을 들어 주었을까?

넷째 마당

"구덩이에 빠진 호랑이는 어떤 마음이었을까?"

"사람을 고맙게 생각하는 동물은 누가 있었을까?"

"왜 그렇게 생각했어?"

"고마움을 모르는 호랑이를 어떻게 생각하니?"

등장인물을 떠올려 보며 내가 주인공이라면 '이럴 때 어떤 마음이 들까?' 생각하게 하는 질문이다. 이런 질문으로 상황에 따른 나의 감정을 느끼고 이해하게 된다. 그리고 다른 사람이 느끼는 감정을 헤아리는 공감 능력을 키우는 기회가 된다. 세 번째 단계는 상상 질문이다.

"호랑이는 어쩌다 구덩이에 빠졌을까?"

"만약에 나도 호랑이처럼 구덩이에 빠졌다면, 어떻게 빠져나올까?"

"또 다른 방법은 없었을까?"

"구덩이는 어떻게 생겼을까?"

"토끼는 왜 나그네를 도와주었을까?"

말 그대로 내가 작가나 주인공이라면 어떻게 했을지 상상해보는 질문이다. 주입식 교육에 익숙한 아이는 상상 질문을 어렵게 받아들인다. 창의력과 상상력 훈련을 받지 못했기 때문이다. 그렇지만 크게 걱정할 필요는 없다. 부담 없는 질문으로 시작하면, 아이는 스스로 상상의 나래를 펼치기 때문이다. 이때 엉뚱한 대답일지라도 칭찬과 격려를 해야 한다. 그러면 아이는 상상하고 남과 다르게 생각하는 것에 즐거움을 느끼게 된다. 네 번째 단계는 실천 하브루타이다.

"너도 이런 위험한 상황을 겪은 적이 있니?"

"그럴 때 어떻게 문제를 해결했어?"

"만약에 내가 나그네라면 어떻게 했을까?"

"이렇게 억울한 적이 있었니?"

"이렇게 억울했을 때 어떻게 했었니?"

"왜 그렇게 했어?"

"은혜를 모르는 호랑이에게 하고 싶은 말이 있을까?"

하브루타는 '질문'으로 생각을 키우는 교육이다. 유아의 일상생활에서의 체험과 동화를 통한 간접 경험은 하브루타의 교재가 된다. 이를 어떻게 활용하느냐에 따라 그 효과는 엄청나게 달라진다. 아이의 생각을 키우는 핵심은 적절한 질문에 있다. 부모가 일방적으로 가르치거나, 책을 읽고 아무 활동 없이 지나치면, 단순한 지식 습득 또는 일시적 재미에 그칠 수밖에 없다. 그러나 질문으로 아이가 스스로 생각하고 판단하고 행동할 수 있도록 하면, 아이의 상상력과 창의력은 놀랍게 성장할 것이다.

넷째 마당

'나'가 아닌
'우리'를 생각하는 리더력

"선생님, 철희가 나만 안 놀아줘요"

"선생님, 철희랑 짝하고 싶어요."

"선생님, 철희와 앉게 해주세요."

철희는 친구들에게 인기가 많다. 인기가 많은 만큼 철희에 대한 불만도 뒤따른다. 여러 친구의 요구를 모두 들어줄 수 없으니 난감할 때가 많다. 철희의 인기 부작용은 엄마들에게까지 이어진다.

"우리 애가 철희와 같은 모둠 자리 해 달래요."

"철희가 가지고 있는 것을 사 달라는데, 그것이 뭐예요?"

"철희가 우리 아이하고만 안 놀아준다는데……."

"도대체 철희가 누구예요? 혹시 친구를 따돌리는 아이는 아닌가요?"

"나하고만 안 놀아준다."라는 아이의 말을 듣고 철희가 문제아가 아닐까 생각할 수도 있지만, 철희는 나무랄 곳이 없는 아이다. 철희는 항상 즐겁고 적극적인 아이다. 책을 좋아하는 똘똘이지만 잘난 척하는 모습을 볼 수 없다. 친구를 좋아하여 모든 친구와 두루 어울리지만 다툼 한번 없다. 친구와 게임을 할 때도 철희가 먼저 "어떻게 순서를 정할까?" 하면서 놀이를 리드한다. 그렇지만 절대로 자신이 먼저 하거나 욕심을 부리지 않는다. 가장 기특한 것은 다른 아이를 칭찬하고 배려하는 마음이다.

"선생님, 재중이가 이거 정리 다~ 했어요."
"선생님, 호준이가 양보해줬어요."

이렇듯 철희는 항상 웃는 얼굴로 친구를 칭찬한다. 그러니 누구든 철희와 놀고 싶어 할만하다. 그리고 철희와 놀지 못할 때 불만이 생기는 것은 어찌 보면 당연하다.

철희와 비슷하면서도 다른 아이가 영희다. 영희는 유치원 생활을 즐거워하는 아이다. 여자 친구들 여러 명과 그룹을 지어 즐겁게 논다. 영희에게는 나이 차이가 제법 나는 언니가 있다. 그 때문에 놀이 수준뿐만 아니라 옷 입는 취향, 취미까지도 초등학생 같다. 친구들은 동요를 부를 때 영희는 아이돌의 노래와 춤을 따라 한다. 친구들은 만화 캐릭터 머리띠를 하지만, 영희는 초등학생처럼 머리를 풀고 다닌다. 영희의 또래보다 앞선 놀이 취향이 또래의 여자아이들은 마냥 신기하고 부럽다. 그래서 아이들은 영희와 놀고 싶어 한다. 그리고 이 그룹에서도 "선생님 영희가 나만 안 놀아줘요." 하며 철희와 같은 불만이 들려온다.

친구가 선생님께 이런 불만을 말하려 하면, 영희는 "알았어, 알았어. 시켜줄게. 이리와." 하며 제지한다. 철희와 다른 느낌이다. 그런데 영희가 소희에게 심각한 일을 저질렀다. "나랑 놀고 싶으면 내 숙제 해 와."라면서 자기가 하기 싫은 일을 친구에게 시켰다. 친구들은 영희와 놀고 싶은 마음에 하기 싫어도 시키는 대로 했다.

3~4세 때에는 '친구'에 대해 관심이 덜하다. 옆에 친구가 놀고 있어도 별로 관심 없다. 그저 자신의 장난감에 집중한다. 그런데 5~6세 정도가 되면 나와 맞는 친구를 찾아 어울리기 시작한다. 그래서 여러 그룹이 만들어진다. 어떤 그룹은 잘 지내지만, 어떤 그룹은 매번 다툼이 생긴다. 다툼이 생겨서 아이들을 떼어 놓으려 하면, 금세 다시 모여 어울린다. 그렇게 아이들은 잘 어울리기도 하고, 다투기도 하면서 '친구'를 알아간다.

각 그룹에는 그룹을 리드하는 아이가 있다. 그 아이의 성향에 따라 그룹의 평화가 결정된다. 그만큼 친구들 사이에서 리더는 중요한 역할을 한다.

　유아기 친구 사이에서도 리더십은 중요하다. 이때 형성된 리더십이 사회에 나가서도 발휘된다. 리더십은 3~5세 사이에 완성된다. 이때 타고난 적극적인 기질과 부모의 적절한 양육으로 높은 자존감이 형성된 아이는 그룹을 이끄는 리더가 된다.

　철수와 영희가 그런 아이다. 그런데 자존감이 높더라도, 다른 사람을 배려하고 공감하는 마음이 없으면 올바른 리더가 되지 못한다. 자기 생각을 정확하게 제시하고, 남을 배려하는 사회성이 높은 아이가 올바른 리더가 된다.

　과거에는 지위와 힘으로 다른 사람들을 자기 뜻대로 이끄는 리더가 대세였다. 그러나 지금은 아니다. 다른 사람과 잘 협력할 수 있는 관계 지향적 리더십이 필요한 시대다. 따라서 리더에게는 공감 능력과 친화력이 요구된다. 유치원 그룹의 리더도 그렇다.

　철희는 그룹을 이끌더라도 친구들에게 지시하거나, 자신의 욕심만 차리지 않는다. 그리고 항상 친구를 배려하니 다툴 일도 없다.

　영희는 이와 다르다. 영희는 친구들에게 인기가 많다는 것을 이용해 친구들을 조종하려 한다. 또한, 자신의 지시와 명령이 친구들에게 통하니 마치 자신이 대장이 된 듯 아이들 위에 군림한다. 심지어 자신이 해야 할 일을 대신 시킨다거나 친구가 가진 물건을 뺏기도 한다.

결국 소희의 푸념을 들은 소희 엄마가 내게 전화해서 "유치원생이 벌써 이러면 장차 자라서 따돌림 가해자 될 것이 뻔하다."라며 화를 냈다. 나는 있는 그대로의 상황을 영희 엄마에게 전했다. 그런데 영희 엄마는 "자기가 좋아서 시키는 대로 한 것 아니냐?"며 뭐가 문제이냐는 듯 말했다. 이처럼 아이들보다 어른이 더 아이 같을 때가 있다.

저출산으로 아이들이 귀한 시대가 되었다. 부모 또한 아이를 귀하게 키운다. 귀하게 자란 아이는 많은 사랑과 관심을 받아 자존감이 높다. 그러나 자기중심적인 생각에서 벗어나지 못하는 경우가 많다.

아이들은 자기에게 편하고 유리한 행동은 금세 배운다. 그러나 모두에게 좋은 행동은 '자기'에게는 불리하게 느껴져 실천하지 않는다. 그러므로 자기중심적인 생각에서 벗어나도록 가르쳐야 한다.

유치원에서 아이들을 가르치다 보면 자기중심적인 아이를 자주 만나게 된다. 이런 아이들의 부모도 마찬가지다. 아이에게 조금만 안 좋은 상황이 생겨도 득달같이 항의한다. 아이가 왜 그런 상황에 놓이게 됐는지는 중요하지 않다. 그저 내 아이가 상처받았다는 것만 중요하다. 엄마가 이렇게 행동하면 아이는 더더욱 '나'만 생각한다. 그리고 더더욱 엄마에게 의지한다.

이렇게 '나'만 앞세우며 자란 아이는 유치원, 학교, 직장과 같은 사회에서 다른 구성원과 원만한 관계를 유지하지 못한다. 가정에서

왕처럼 대접받았듯이, 사회에서도 똑같이 대접받기를 바라기 때문이다. 그러나 사회는 자기중심적인 사람에게 절대로 왕 대접을 하지 않는다.

이 점을 부모가 반드시 알아야 한다. 가정에서도 아이가 '나'가 아닌 '우리'를 먼저 생각하고 행동하도록 해야 한다. 예를 들어, 아이가 먹고 싶은 저녁 메뉴가 있어도 다른 가족을 위해 양보하는 기회를 줘야 한다. 하고 싶지 않은 일이 있어도 가족이 함께하는 일이라면 참을 수 있게 해야 한다. 그래야 사회에 나와서도 친구들을 배려한다.

그러나 '양보해라', '참아라', '기다려라'라고 일방적으로 지시하고 명령하면 아이는 따르지 않는다. 왜 그렇게 해야 하는지 이유를 모르기 때문이다. 그러므로 부모는 질문을 통해 아이가 상황을 이해할 수 있도록 도와주어야 한다.

"함께 맛있게 저녁을 먹으려면 어떻게 하면 좋을까?"

"가족이 모두 가야 하는데 너는 가고 싶지 않나 보구나. 하지만 네가 가지 않으면 우리 마음이 어떨까?"

"너는 이것을 하고 싶고 친구는 저 게임을 하고 싶다면, 어떻게 할까? 만약 네가 좋아하는 게임만 한다면, 친구의 마음은 어떨까?"

이런 식의 질문을 통해 아이가 상황을 이해하도록 도와야 한다. 그래야 아이가 마음에서 우러나오는 행동을 하게 된다.

218

우리 아이가 고등학교 때 일이다. 아이는 집에서 열심히 플래카드를 만들었다. 학생회장 선거에 쓰일 플래카드였다. 학생회장 후보는 2명이라고 했다. 기호 1번은 학교 매점을 확장하고 모든 교실의 책걸상을 바꾸겠다는 공약을, 기호 2번은 열심히 친구들을 돕기 위해 노력한다는 공약을 내세웠다고 했다. 아이는 두 번째 후보의 홍보를 자청하여 플래카드를 만든다고 했다. 이유를 물었더니 아이는 이렇게 대답했다.

"첫 번째 후보는 자기의 학생부 기록을 위해 회장이 되고자 하지만, 두 번째 후보는 정말로 친구들을 위해 회장이 되고자 하기 때문이야."

아이의 설명에 따르면 기호 2번은 평소 친구들의 이야기를 잘 들어주고 친구들을 위해 노력하는 친구라고 했다. 아이는 진정으로 '우리'를 위해 일할 사람이 누구인지 알고 있었던 것이다. 이처럼 내 자녀를 훌륭한 리더로 키우기 위해서는 '나'가 아니라 '우리'에 집중할 수 있도록 가르쳐야 한다.

중심 없는 엄마,
방황하는 아이

'우리 아이가 달라졌어요'

모든 부모의 바람이다. 그러나 효과적인 부모의 역할을

배우고 적용했다고 금세 달라지지 않는다. 조급한 마음이

오히려 실패를 부른다. 부모는 변화를 위해 큰 그림을

그려야 한다. 아이의 마음에 부모의 노력이 서서히 스며들 때

비로소 아이의 올바른 변화를 경험하게 된다.

"원장님 말씀대로 지후에게 잘하려고 노력하는데 잘 안 되네요."

부모교육 5주 과정을 들으신 지후 엄마의 하소연이다. 지후와 잦은 갈등이 있는 지후 엄마는 큰마음 먹고 시간을 내어 열심히 교육받았다. 매주 스스로 반성하며 잘못된 점을 고치고자 노력했고 실천했다.

'화내지 않고 친절하게 아이 감정 읽어주기'

지후의 행동에 화를 잘 내던 엄마가 냉장고에 붙이고 온종일 되뇌며 실천한 문구다. 이런 노력에 지후와의 갈등이 술술 풀리는 날은 하늘을 날 듯 행복했다. 그러나 교육이 끝난 어느 순간부터 다시 갈등이 시작되었다고 했다.

지후 엄마는 교육이 끝난 후에도 교육 과정에서 배운 대로 실천했다. 하지만 아이의 반응이 기대만큼 돌아오지 않자, 예전처럼 매를 들고 말았다. "엄마가 그럴 줄 알았어." 하는 지후의 원망 어린 말을 듣고 엄마의 마음은 바닥으로 꺼졌다.

소을이 엄마는 소을이를 수동적인 아이로 키웠다. 소을이는 하나부터 열까지 엄마에게 물어 확인하지 않고는 간단한 일조차도 하려들지 않았다. 여섯 살이 되어 간단한 일은 스스로 결정하고 할 수 있음에도 일일이 물으니, 엄마로선 여간 답답한 게 아니었다.

원인은 소을 엄마의 양육방법에 있었다. 소을이에게 스스로 판단하고 결정하도록 기회를 주지 않았기에 스스로 할 수 있는 일도 엄마에게 묻거나 허락을 받게 된 것이다.

부모 교육을 통해 문제점을 알게 된 소을 엄마는 반성하고 노력할 것을 다짐했다. 그리고 부모 교육을 통해 배운 방법을 일상생활에 빨리 적용해 보고 싶었다.

그날 저녁, 동생과 놀던 소을이 표정이 좋지 않았다. 엄마가 보는 앞에서 동생에게 장난감을 빼앗겼기 때문이다. 소을 엄마는 평소 같으면 '동생한테 달라고 해.', '동생이니까 양보해' 하며 대신 해결하려들었을 것이다. 하지만 이번에는 부모 교육에서 배운 질문 방법을 적용해보기로 했다. 소을 엄마는 질문할 내용을 머릿속으로 정리한 후 조심스럽게 물었다.

"소을아, 무슨 일이야?"

"소진이가……."

"소진이가 어떻게 했어?"

"……."

"소진이가 언니를 속상하게 했어?"

"응."

"어떻게 속상하게 했어?"

"……."

"장난감 뺏은 것 같은데 맞아?"

"……."

"동생이 장난감을 뺏으면 어떻게 해야 해?"

"……."

"소을이는 어떻게 해야 할 줄 몰라? 왜 몰라? '내 거야'라고 말 못해?"

소을이 엄마는 소을이에게 질문하고 그에 맞는 대답을 기다렸다. 하지만 소을이는 인상을 쓸 뿐 대답하지 않았다. 답답해진 소을이 엄마는 다음 질문을 이어가지 못하고 다그치고 말았다. 결과적으로 소을이 마음을 읽어주지 못한 것이다.

부모 역할과 관련해서 '더닝 크루거 효과(Dunning Kruger effect)'라는 것이 있다. 사회심리학과 교수 데이비드 더닝(David Dunning)과 대학원생 저스틴 크루거(Justin Kruger)가 알아낸 이론이다.

'아는 것이 없고 능력이 부족하면 자신이 잘못된 결정을 하더라도 자신이 실수한 줄 모른다. 반대로 아는 것이 많고 능력 있는 사람은 자신의 행동을 지식과 연결하여 지나치게 신중하게 결정을 내리기에 시기를 놓친다.'

이를 더닝 크루거 효과라고 부른다. 앞서 살펴본 두 엄마는 아이러니하게도 부모로서의 효과적인 역할에 대해 배울수록 부모 역할이 더 복잡해지고 힘들어졌다. 차라리 양육방법이 옳은지 그른지 알지 못한 채 자녀를 키울 때는 부모 자신의 갈등은 없다. 아이가 문제행동을 보이면 깊게 생각할 필요 없이 행동을 지적하거나 매를 들면 되기 때문이다. 그리고 아이의 잘못된 행동은 부모의 잘못이 아니라 아이의 잘못이니 자책감을 느낄 필요도 없다. 하지만 이렇게 아이를 키우면 아이와 부모와의 관계는 점점 멀어진다. 심하면 부모와 자식 관계가 다시는 회복할 수 없는 상태에 이르기도 한다.

몇 주 밖에 안 되는 부모 교육 과정을 이수했다고 해서 엄마와 아

다섯째마당

이가 변한다면 자녀교육이 어려울 리 없다. 사실 이론 자체는 간단하고 쉽다. 하지만 이를 실생활에 적용하는 것은 사람의 성향과 상황에 따라 달라지기 때문에 무척 어렵다.

예를 들어, 이론대로라면 아이와의 긍정적인 관계를 위해 스킨십은 매우 중요하다. 그러나 스킨십을 싫어하는 아이에게는 역효과를 불러올 수 있다. 또한 아빠가 아이와 몸으로 놀아주는 것이 좋다고 해서 아이를 안아 들고 비행기 놀이를 한다고 가정해 보자. 높은 곳을 무서워하는 아이라면 오히려 안 좋은 기억만 생길 수 있다. 아이의 말을 열심히 들어주는 것도 그렇다. 어떤 아이는 엄마의 이런 노력을 이용해 오히려 자신의 욕심을 채우기도 한다.

이처럼 부모가 양육(이론)방법을 잘 알면 알수록 상황이 더 복잡해지는 이유는 무엇일까?

첫째, 부모의 행동이 갑자기 변한다고 해서 아이가 단번에 변하는 것은 아니기 때문이다. 실타래를 예로 들어보자. 복잡하게 꼬인 실타래를 억지로 잡아당기면 더 꼬이고 만다. 한 가닥, 한 가닥 시간을 들여 풀어야 잘 풀어진다. 부모와 자식 관계도 마찬가지다. 이미 꼬인 관계를 억지로 풀려고 하면 더 꼬여버리고 만다. 부모가 일관성을 가지고 꾸준히 노력하면 아이도 언젠가는 변한 모습을 보여준다.

둘째, 첫 번째 이유와 연관되는 것인데, 결과가 빨리 나오기를 바라기 때문이다. 성질 급하기로 둘째가라면 서러워할 우리나라 사람들은 무엇이든 빨리빨리 이루어지길 바란다. 또한, 결과가 빨리 나오지 않으면 포기도 빠르다.

하지만 아이는 공장에서 제품을 만들듯이 뚝딱 만들어지는 게 아니다. 아이가 태어났을 때부터 부모로서 해야 할 역할을 잘 했다면 상관없지만, 그렇지 않은 경우는 양육 방법을 너무 급하게 바꾸는 것은 좋지 않다. 그리고 양육 방법을 바꾼 후에 결과가 빨리 나오기를 바라는 것도 좋지 않다. 되도록 천천히 상황을 살피면서 양육 방법을 바꾸는 것이 좋다.

셋째, '밀당'을 못하기 때문이다. 부모가 아이에게 지나치게 관대하면 아이는 자기조절을 못 하는 아이로 자라게 된다. 반대로 너무 억압적이면 아이가 위축된다. 따라서 적절한 허용과 절제로 아이가 옳고 그름을 판단하는 능력을 기를 수 있게 해야 한다.

넷째, 아이의 기질과 특징을 잘 모르기 때문이다. 아이마다 가르침을 받아들일 수 있는 그릇의 크기가 다르다. 그러므로 우선 내 아이의 그릇을 살펴야 한다. 다시 말해, 내 아이의 뛰어난 점, 부족한 점, 이끌어 주어야 할 점, 북돋아 주어야 할 점을 알아야 한다. 그 후에 잘하는 점을 어떻게 북돋아 줄지, 부족한 점이 있다면 어떻게 보충해 줄지 부모로서 해야 할 역할을 정해야 한다. 이처럼 내 아이의 기질과 특징을 살펴서 교육의 방향과 방법을 달리해야 아이의 부족한 점은 채워지고, 뛰어난 점은 더 돋보이게 된다.

일곱 살 유빈이는 자신의 물건을 못 챙긴다. 하루도 거르지 않고 물건을 빼놓고 다닌다. 그래서 개인 물품인 색연필, 크레파스도 유빈이는 거의 없다. 분홍색 색연필이 없다며 툴툴거리는 유빈이를 위해 찾아주고 채워 넣어주기를 여러 차례 했지만, 소용이 없었다.

그러던 어느 날 유빈이 엄마의 전화를 받았다. 유빈이가 새로 사 준 머리핀을 잃어버려 많이 속상해했다고 했다. 그리고는 유빈이의 물건을 챙겨주지 않은 선생님을 탓했다.

하지만 이는 선생님을 탓할 일이 아니다. '자신의 물건을 챙기는 일'은 기본생활 습관의 하나다. 아이는 자신의 물건을 스스로 챙기는 연습을 통해 자립심을 키울 수 있다. 그러므로 유빈이 엄마는 스스로 챙기는 습관을 길러주지 못한 자신을 탓해야 옳다. 오히려 선생님께 아이의 부족한 부분을 전하고 함께 도울 수 있는 방법을 모색해야 한다. 물건을 챙기지 못해 잃어버린 것은 아이의 실수다. 아이는 물건을 잃어버려 속상한 마음을 겪어봐야 한다. 하지만 잃어버린 물건을 바로 채워준다면 아이는 물건을 잃어버리는 일에 아무런 불편함을 느끼지 못할 것이다. 결국 아이는 물건을 챙겨야 할 이유를 모르게 된다.

유아기에 꼭 필요한 능력들에 대한 교육은 쉽지 않다. 꾸준히 가르치고 연습하도록 해야 습관으로 정착시킬 수 있다.

아이를 바르게 키우기 위해서는 올바른 부모의 역할이 필요하다. 세상에는 올바른 부모 역할에 관한 수많은 이론이 있다. 그런데 부모가 이론을 배웠다고 해서 아이가 이론대로 자라주지는 않는다. 이론

을 양육 환경과 아이의 성향에 맞게 적용하는 부모의 노력이 있어야
한다. 아이는 부모의 노력만큼 변하고 성장한다.

부모의 일관성

"오늘부터 음식을 먹을 때는 손을 닦고 먹기로 약속!"

엄마의 제안에 아이는 약속하고, 기분 좋게 손가락까지 걸었다.

첫날 아침, 점심, 저녁 식사 전에 아이는 약속을 지켰다. 엄마 또한 놓치지 않고 아이의 행동에 관심과 칭찬을 아끼지 않았다. 다음 날도 아이는 식사 전 손을 닦으러 갔지만, 어제만큼 적극적이지는 않았다. 엄마도 아이의 행동을 칭찬했지만, 어제만큼은 아니었다. 사흘째부터 아이는 한두 번 약속을 어겼다. 엄마도 약속한 걸 깜빡 잊어버렸다. 며칠이 지난 후, 엄마는 약속을 다시 떠올렸다.

"손 안 닦았지? 왜 약속 안 지켜?"

"아, 깜빡했다."

"약속 안 지켰으니 오늘은 간식 없어."

"어, 뭐야?"

아이는 실망했다. 엄마도 약속을 잊고 있었지만, 약속을 지키지 않은 아이만 탓했다.

이처럼 아이가 문제 행동을 일으키는 원인은 아이보다는 부모에게 있다. 그런데 엄마는 "매일 같은 말을 열 번씩 해도 듣지 않아요." 하며 아이의 행동을 질책한다.

잘못된 행동을 지적 몇 번으로 바꿀 수 있다면, 세상의 모든 아이는 바른 습관을 지니고 있을 것이다. 어른들도 '작심 3일'을 넘기기 힘든데 아이들은 어떻겠는가.

이제 막 세상에 나온 아이는 잘 먹는지, 배변은 어떤지, 잠은 잘 자는지만 확인하면 된다. 하지만 아이의 몸과 마음이 점점 자랄수록 살펴야 할 일이 많아진다. 아이의 호기심이 기하급수적으로 늘어나기 때문이다.

이때의 아이는 엄마와 지내는 시간이 많은 만큼, 엄마의 영향을 많이 받는다. 엄마의 좋은 모습은 물론 나쁜 모습도 스펀지처럼 흡수한다. '아이는 어른의 거울이다.'라는 말이 괜히 나온 게 아니다. 그러므로 부모는 말과 행동을 함부로 해서는 안 된다.

가정교육의 시작은 아이가 무작위로 흡수한 주변 지식을 옳은 것, 그른 것, 해야 할 것, 하지 말아야 할 것으로 구분하여 바른 습관을 익힐 수 있도록 가르쳐 주는 것이다.

입에 단 것은 몸에 해롭고, 입에 쓴 것은 몸에 이롭다. 그렇지만 사람들은 무의식적으로 입에 단 것에 손이 간다. 아이들도 마찬가지다. 교육적인 것보다는 즐겁고 재미있는 것에 몸이 먼저 반응한다. 반면에 교육적인 것에는 어려움을 느낀다. 하지만 어려움을 이겨내면 달콤함을 경험한다. 이렇게 아이가 어려운 일을 극복하고 달콤한 경험을 할 수 있도록 도와주는 것이 부모의 역할이다.

교육학자들은 자녀의 교육에 있어서 부모가 꼭 갖추어야 할 행동으로 '일관성'을 꼽는다. '부모의 일관성'이란 무엇일까? 그것은 자녀에게 보여주는 말과 행동이 한결같다는 의미다. 부모의 말과 행동이 한결같을 때, 아이는 다음과 같은 영향을 받는다.

첫째, 정서적 안정이다. 자녀를 키우다 보면 일관된 감정을 갖기란 쉽지 않다. 부모의 생각처럼 아이가 움직여 주질 않으면, 순간적으로 화가 나기도 한다. 반면에 어떤 때는 과도한 애정표현을 하기도 한다. 이렇듯 부모가 감정의 기복이 심하면 아이는 두려움을 갖는다. 그리고 아이 역시 부모의 감정 기복을 닮게 된다.

지우가 그랬다. 지우를 보면 항상 불안한 표정이었다. 조금만 불편함이 있어도 큰 소리로 윽박지르듯 표현했다. 그런 지우를 친구들은 멀리했다. 부모 상담을 통해, 지우의 감정 표현 방법이 엄마와 비슷하다는 것을 알게 됐다.

대부분의 아이는 기분이 좋을 때는 아무 문제가 없다. 그러나 부정적 감정이 생겼을 때는, 정서적 안정감을 지닌 아이와 그렇지 않은 아이의 행동에 큰 차이가 난다. 부모는 자녀가 속상한 감정의 표현을 어떻게 하는지 살펴야 한다. 만약 감정 조절이 서툴다면, 먼저 부모의 감정 표현 방법을 되돌아보아야 한다.

둘째, 바른 생활 습관이다. 기상, 취침, 식사 시간 등 부모는 일관성을 갖고 아이의 생활을 지도해야 한다. 그러면 아이 몸에 일정한 생활 리듬이 형성된다. 깨우지 않아도 같은 시간에 눈을 뜨고, 같은 시간에 배꼽시계가 울린다. 이처럼 규칙적인 생활은 몸의 건강과 정신의 건강으로 이어진다.

유치원 활동도 마찬가지다. 매일 같은 시간에 일정하게 차를 타는 아이들은 1년 내내 힘들지 않게 등원한다. 그러나 어느 날은 일찍, 어느 날은 늦게 등원하는 아이는 아침마다 엄마와 전쟁을 치른다. TV가 보고 싶어서, 밥 먹기 싫어서, 늦잠 자서 등등, 이유도 여러 가지다.

아이의 기본생활 습관 교육은 '일관성'이 있어야 한다. 앞의 사례처럼 아이가 손 씻기 약속을 조금씩 귀찮게 여겨도 부모는 일관성을 유지하며 지도해야 한다. 생활 습관이 몸에 익으면 혹 한두 번 빼 먹

다섯째마당

더라도 몸에 밴 리듬을 곧 되찾는다. 그러기 위해선 부모가 먼저 일관성을 지키는 '엄격함'이 필요하다. 아이가 습관을 지키지 않으려 떼를 쓰고 울더라도 엄격함을 보여야 한다. 그래야 아이가 올바른 생활 습관을 당연하게 받아들인다.

셋째, 부모에 대한 신뢰다. 아이가 부모를 신뢰하게 만들려면, 부모의 말과 행동이 일치해야 한다. 그러면 아이는 부모의 일관된 말과 행동을 보면서 부모를 신뢰한다.

부모가 아이에게 양보하기를 가르칠 때, 마트에서 줄 사이에 끼어드는 모습을 보여주면 아이는 어떻게 해야 할지 헷갈린다. 또한 자녀에게 "다 컸는데 스스로 해야지"라고 말하며 아이의 일을 대신 해주면 아이는 어떻게 해야 할지 모른다. 아침 등원 시간에 불안하여 우는 아이에게 "엄마가 금방 올 테니, 걱정하지 마."라고 말해 놓고 늦게 오면 아이는 엄마의 말을 신뢰하지 않는다.

"엄마는 만날 거짓말만 해."
"나보고는 이렇게 하라면서 엄마는 왜 안 해?"

부모가 자녀에게 가끔 듣는 말이다. 부모가 아이와 약속을 해 놓고 지키지 않으면 아이는 혼란을 겪고 갈등하게 된다. 반면에 부모가 언행일치를 보이면, 아이는 부모를 신뢰하고 존경한다.

그러므로 부모와 자녀가 안정적인 관계를 맺기 위해서는 부모가 일관성이 있어야 한다. 하지만 부모가 '일관성'을 유지하기란 어렵다. 부모도 인간인지라 자신의 감정, 자녀의 태도, 주변 상황에 영향을 받아 일관성이 없어지기도 한다.

그렇지만 일관성을 갖기 위해 항상 노력해야 한다. 아이들도 바른 습관을 들이기 위해 반복 훈련을 하듯 부모도 이러한 노력이 필요하다. 그런데 일관성을 갖기 위해서는 어떻게 해야 할까?

첫째, 부모 자신이 행복해야 한다. 자신을 포기하고 자녀에게 모든 것을 쏟아붓는다고 자녀가 올바르게 성장하지 않는다. 경제적으로나 시간적으로 부모 자신의 행복과 자녀교육에 균형을 이룬 투자여야 부모도 자식도 지치지 않고 일관성을 유지할 수 있다. 부모가 행복해야 자녀도 행복하다.

둘째, 부모도 배운다는 마음으로 하나씩 하나씩 진행한다. 아이도 세상을 살아가는데 초보이지만, 부모도 부모 역할은 초보다. 그러므로 조급하게 생각하지 말고 자신의 정서 상태는 어떤지, 자신이 먼저 일관된 생활 규칙을 지키고 있는지, 말과 행동이 일치하는지 늘 되돌아보며 아이를 가르쳐야 한다. 이렇게 부모가 일관성을 유지하면 아이는 부모의 모습을 보며 서서히 닮아간다.

셋째, 구체적인 약속을 정하여 일관성을 실천한다. 앞서 밝혔듯, 아이는 부모의 일관된 모습을 보고 배운다. 이것이 기본 바탕이다. 하지만 기본 바탕은 부모를 보고 배우더라도 거기에 그치지 말아야

다섯째 마당

한다. 아이에게 삶에 필요한 지식을 구체적으로 가르쳐야 한다. 해도 되는 일과 안 되는 일, 옳은 일과 그른 일을 구체적으로 알려주고 실천하도록 도와야 한다.

그렇지만 한꺼번에 너무 많은 약속을 하는 건 피해야 한다. 아이의 수용 능력에는 한계가 있기 때문이다. 또한 부모도 무슨 약속을 했는지 잊어버리게 된다. 그러므로 아이가 고쳐야 할 행동을 한두 가지씩 정해 실천하는 훈련을 하는 것이 좋다. 약속은 아이만 지키는 것이 아니다. 부모와 아이가 함께 지켜야 한다.

'우리 아이가 달라졌어요.'

모든 부모의 바람이다. 그러나 갑자기 방향을 바꾸면 아이는 휘청거린다. 또한 포기하기도 쉽다. 이처럼 조급한 마음은 실패를 부른다. 따라서 부모는 변화를 위해 큰 그림을 그려야 한다. 아이의 마음에 부모의 노력이 서서히 스며들 때, 비로소 아이의 올바른 변화를 경험하게 된다.

허용 기준 정하기
(자연적 결과와 논리적 결과)

"왜 나는 아이와 다툴 일이 많을까요?"

상담을 요청해 마주 앉은 희진 엄마가 털어놓은 첫 마디였다.

어제 희진 엄마는 부모 교육 강의를 듣고 '아이에게 잘해야지'하는 마음으로 유치원에서 돌아온 희진이를 맞이했다.

희진 엄마는 가방을 내려놓자 친구와 약속을 했다며 나가려는 희진이를 붙잡았다. 나가 놀면 저녁 시간이 돼서야 돌아올 것이고, 그러면 저녁 식사를 해야 할 것이고, 저녁을 먹고 나면 몸이 나른해져 학습지 풀기가 어려울 것으로 생각했기 때문이다.

"숙제부터 하고 나서 놀아라."

희진 엄마는 부드럽고 친절하게 말했다. 희진이는 약속에 늦는다며 짜증 냈다. 엄마가 알아듣게 설명하고 타일렀지만, 희진이는 고집을 부렸다. 결국 희진 엄마의 인내심도 바닥이 났다. 결국 희진이를 윽박질러 책상에 앉혔다.

희진이는 빛의 속도로 숙제를 하고 나갔다. 그런데 학습지를 보는 순간, 엄마는 화가 치밀었다. 학습지의 정답을 모두 '1'로 적어 놓았기 때문이다.

"이건 분명히 희진이의 잘못이 맞지요? 이렇게 대충 할 거면 하지 말든가요."

'부모와 자녀의 갈등'이 생기면, 부모는 항상 아이를 탓한다. 부모는 어른이니 옳고 아이는 틀렸다는 식이다. 그래서 희진 엄마도 희진이의 잘못이 맞는다며 나에게 은근히 동의를 구한 것이다.

하지만 정말 희진이에게만 문제가 있는 걸까? 미국의 심리학자 존 가트맨(John M. Gottman) 박사는 부모의 유형을 네 가지로 나누었다. 그리고 부모의 자녀 양육 유형에 따라 아이들의 행동이 달라진다고 결론 내렸다.

첫 번째 유형은, 축소 전환형 부모다. 축소 전환형 부모는 아이의 긍정적인 감정은 좋은 것, 부정적인 감정은 나쁜 것으로 생각한다. 아이의 감정이 좋을 때는 문제가 없다. 그러나 아이가 슬프고 속상하고 화가 나면, 부정적인 감정이 아이의 마음에 머물지 않도록 화제를 바꾼다. 앞의 상황에 부닥치면, 약속에 늦을까 걱정하는 아이에게 괜찮을 거라며 얼른 하고 나가면 된다고 다독인다.

이런 부모에게 양육된 아이는 자신의 감정을 잘 모른다. 또한 자신의 감정을 조절하는 법도 모른다.

두 번째, 억압형 부모다. 이런 부모는 권위적인 태도로 지시와 명령을 통해 자녀의 행동을 억압하려 한다. 약속을 지키고 싶은 아이의 마음은 중요하지 않다. 그저 부모의 생각이 옳고 부모의 생각대로 아이가 따라주어야 잘 성장한다고 생각한다.

억압형 부모의 자녀는 부모가 시키는 대로 잘 따르니 문제가 없어 보일 수 있다. 그러나 아이의 마음속은 마그마가 끓는 것처럼 불만이 쌓이고 있다. 시간이 문제일 뿐, 언젠가는 폭발하고 만다.

세 번째, 방임형 부모다. 방임형 부모는 아이의 모든 감정을 받아주는 것으로 문제를 해결하려 든다. 이렇게 양육된 아이는 '고삐 풀린 망아지처럼' 옳고 그름, 해야 할 것과 하지 말아야 할 것을 구분하지 못하고 마음대로 한다. 방임형 부모는 모든 것을 아이에게 맞춘다. 따라서 아이가 마음의 상처를 받는 일은 드물다. 그러나 긍정적 성장을 기대하기는 어렵다.

다섯째마당

네 번째, 감정 코칭형 부모다. 감정 코칭형 부모는 친구와 놀고 싶은 아이의 마음을 이해한다. 그러나 한편으로는 숙제하지 않으면 내일은 더 많은 숙제가 있을 거란 상황도 전달한다. 아이의 감정은 받아주면서도 행동의 한계를 가르쳐주는 것이다. 이때 선택은 아이가 한다. 아이의 생각대로 결정하고, 그로 인한 결과는 아이의 몫이다. 자신의 결정에 따라 실패를 겪기도 하고 성공하기도 하면서 아이는 자기 효능감, 자아 존중감이 높아진다.

모든 유형의 부모는 같은 마음을 지니고 있다. 자식을 잘 키워야 겠다는 마음 말이다. 하지만 실천하는 방법은 부모의 교육관과 성향에 따라 달라진다. 실천 방법이 다르니 당연히 결과도 다르다.

"원장님 말씀처럼 되더라고요"
'허용적인 부모'라는 주제로 부모 교육을 받은 호연이 엄마가 기쁜 목소리로 전화를 걸어왔다. 호연이네 가족이 함께 마트에 가려고 준비를 했다. 그때 실내용 장난감 신데렐라 구두를 신고 가겠다고 호연이가 고집을 피웠다. 엄마는 당연히 그 구두를 신고 가면 안 된다고 말했다. 호연이는 집안에서 잠깐씩 신었을 때 불편함을 느끼지 못했다. 그래서 바깥에 신고 나가면 문제가 생긴다는 것을 알지 못했다. 엄마는 못마땅했지만, 부모 교육을 받은 터라 허용키로 했다.

"그래 신고 가. 그런데 발이 아플 거야. 그러면 어쩌지?"

"참을 거야."

호연이는 자신 있게 말하고 외출했다. 주차장에서 내려 얼마 가지 않아 호연이는 아빠에게 귓속말했다. 아빠는 웃으며 호연이를 안아 쇼핑 카트에 앉혔다. 여느 때라면 장난감 코너를 돌아다녔을 호연이가 쇼핑하는 내내 카트에서 내리지를 않았다. 엄마는 이유를 알았지만 모르는 척했다. 그 이후 호연이는 신데렐라 구두를 신고 마트에 가겠다는 말을 하지 않았다.

인간은 경험을 통해 삶에 필요한 지식을 배운다. 그리고 경험에서 얻은 지식으로 자기 행동의 결과를 예측하고, 행동을 조절한다.

부모는 아이가 경험하기도 전에 아이의 불편함을 미리 막아주려고 한다. 물론, 위험하고 나쁜 일이라면 굳이 경험하지 않아도 된다. 그러나 그런 경우가 아니라면 경험을 해 봐야 아이 스스로 깨닫고 조절하게 된다. 아이가 경험에서 얻을 기회를 주는 것을 '자연적 결과 적용'이라고 한다.

더운 날, 아이가 두꺼운 점퍼를 입겠다고 고집을 피운다. 아이가 불편할 것을 걱정해서 억지로 못 입게 하면, 아이는 더 고집을 피우고 생각이 부딪칠 때마다 엄마와 갈등을 빚게 된다. 그러므로 나쁜 경험이 아니라면 굳이 막지 말아야 한다. 아이가 더운 날 겨울 점퍼를 입고 '아, 더운 날에는 이런 점퍼를 입으면 안 되는구나.' 하며 스스로 깨닫게 해야 한다.

아침마다 식탁에서 아이와 실랑이를 한다. 엄마는 아이가 배고플까 걱정하여 안 먹겠다는 아이에게 한 숟가락이라도 더 먹여볼 요량으로 밥그릇을 들고 쫓아다닌다. 쫓아다니는 일이 힘들어지면 아이가 원하는 보상으로 협상한다.

"이것 먹으면, 장난감 사줄 게."
"이것 먹으면 게임 시켜줄 게."

아이는 밥으로 인해 자신이 원하는 바를 얻을 수 있다는 것을 알게 된다. 따라서 보상을 받기 위해 순순히 밥을 먹고자 하는 마음이 사라진다. 그러므로 밥을 먹기 싫다는 아이에게 억지로 먹이려 해서는 안 된다. 만약 밥을 먹지 않은 것을 걱정해 식사 시간 외에 밥을 다시 챙겨주거나 간식으로 배를 채워주면, 오히려 규칙적인 식사 습관을 망친다.

인간은 배가 고프면 당연히 먹고자 한다. 아이는 배가 고프지 않기에 먹고 싶지 않은 것이다. 이런 자연의 섭리를 아이에게 적용하여 행동을 고쳐야 한다. 그러면 아이와 다툴 일이 없다.

물론 체질적으로 먹는 것 자체에 관심 없는 아이도 있다. 그런 아이는 자연적 결과를 적용하더라도 쉽게 바뀌지 않는다. 그렇다면 억지로 먹이려 애쓰기보다 다른 방법으로 건강을 챙겨야 한다.

　'백문이 불여일견'이란 말이 있다. 백 번 듣는 것보다 한 번 보는 것이 낫다는 옛말이다. 아이가 세상을 직접 경험하고 배우기 위해서는 부모의 적절한 허용이 필요하다. 하지만 지나친 '허용'은 방임형 부모의 자녀처럼 옳고 그름, 해야 할 것과 하지 말아야 할 행동을 판단하는 데 어려움을 느낀다.

　자연적, 논리적 결과의 적용으로 '중심을 잡은 허용'과 지나친 허용에는 차이가 있다. 아이에게 지나친 허용을 하면, 아이는 자기 마음대로 하므로 매번 똑같은 실수를 저지른다. 하지만 중심을 잡은 허용은 아이가 선택으로 인한 결과에 책임을 지게 함으로써 똑같은 실패를 하지 않게 한다. 또한 부모의 예측대로 실패를 겪게 되면 '부모의 말에 신뢰'를 갖게 된다. 그것이 허용에 중심을 잡아주는 부모의 역할이다.

절제의 기준

15년 전의 일이다. 일곱 살 현상이는 외동아들이었다. 부모님은 초등학교 선생님으로 맞벌이를 하면서 현상이를 키웠다. 현상이는 막무가내, 고집불통의 아이였다. 자신이 원하는 것, 갖고 싶은 것은 무조건 가져야 했다. 현상이는 뜻대로 되지 않으면 장난감을 던지고 떼를 쓰기도 했다. 친구들과의 사이에서도 그랬다. 자기가 항상 먼저였고, 자기의 뜻을 따르지 않는 친구에게는 주먹질을 했다.

엄마에게 주의를 부탁하면, "어떡하죠? 제가 잘 타이르겠어요." 하는 말만 되풀이했다. 이런 일이 몇 차례 반복되자 엄마는 바쁘다며 아예 상담을 피했다. 현상이의 행동은 점점 더해갔고, 친구들과 선생님의 어려움은 날로 커졌다.

처음 현상이는 종일반이었다. 하지만 종일반을 힘들어해서, 2시로 변경하고 피아노 학원에 다니게 되었다. 어느 날 엄마가 먼저 상담을 요청해 왔다.

당시에는 피아노 학원비를 아이 편에 보내는 일이 많았다. 그런데 현상이가 학원비를 학원이 아닌 집 앞 슈퍼에 맡기며 말했단다.

"엄마가 맡겨두고 내가 먹고 싶은 것 사래요."

겨우 일곱 살짜리 아이가 하기에는 발칙한 생각이다. 학원비가 밀렸다는 선생님의 말을 듣고 나서야 엄마는 사태를 파악할 수 있었다. 엄마는 눈물까지 글썽이며 하소연했다.

"아이가 원하는 것들은 대부분 들어주었는데 왜 이런 행동을 했는지 알 수 없네요."

엄마는 어디서부터 잘못된 것인지 혼란스러워했다. 나름 아이를 위해 화 한번 내지 않고 참아왔다고 했다.

나는 현상이 엄마에게 왜 그 행동이 잘못되었는지, 친구들에게 하는 행동이 왜 잘못되었는지, 어떻게 친구들에게 행동해야 하는지를 구체적으로 가르쳐야 한다고 말했다.

이튿날, 등원한 현상이를 보고 깜짝 놀랐다. 현상이의 몸 여기저기에 매를 맞은 자국이 있었다. 그동안 참고 참았던 엄마의 속상한 마음이 한꺼번에 폭발한 듯했다. 현상이에게 확실히 가르쳐야 한다는 말을 현상 엄마가 오해한 것 같았다.

다섯째마당

먹고 싶은 것이 있을 때 잠시 참는 마음, 친구의 물건이 가지고 싶지만 참고 내 것과 남의 것을 구별하는 마음, 항상 1등으로 관심 받고 사랑받고 싶지만 다른 사람을 위해 참는 마음, 힘들고 하고 싶지 않아도 나에게 좋은 것이라면 참고 노력하는 마음, 주변의 유혹에 흔들려도 나쁜 것이라면 참는 마음. 이것이 바로 '욕구 조절 능력'이다.

미국 스탠퍼드 대학의 미셸(Mischel) 박사는 만 4세의 유아를 대상으로 '욕구 조절 능력'에 관한 실험을 했다. 그 유명한 마시멜로 실험이다. 선생님은 아이들에게 한 개의 마시멜로를 주면서 선생님이 돌아올 때까지 기다리면 한 개의 마시멜로를 더 주겠다고 했다.

아이들은 세 집단으로 나뉘었다. 선생님이 나가자마자 바로 먹은 첫 번째 집단, 선생님이 나가고 10분 정도 참다가 결국 포기하고 먹은 두 번째 집단, 20분 정도 뒤에 선생님이 올 때까지 기다렸다가 마시멜로를 하나 더 받은 세 번째 집단.

미셸 박사는 각 집단 내 아이들의 성장 과정을 추적하여 욕구 조절 능력이 앞으로의 삶에 어떤 영향을 끼치는지 살펴보았다.

첫 번째, 두 번째 집단의 아이들 대부분은 작은 어려움에 쉽게 좌절하며 스트레스를 많이 받았다. 또한 친구가 없이 외톨이로 학교에 다녔다. 반면에 세 번째 집단의 아이들은 어떤 환경에서도 잘 적응했다. 성실하고 학업 능력 또한 뛰어나 성공적인 삶을 살았다. 미셸 박사는 욕구 조절 능력이 학업 능력은 물론 삶에 큰 영향을 끼침을 알 수 있었다.

당장 아이의 욕구를 채워주는 것은 결코 아이를 위하는 길이 아니다. 장래를 위해 현재의 욕구를 자제하는 능력을 키워주는 것이 아이를 위하는 길이다.

하기 싫어도 꼭 해야 하는 일을 참고 노력하는 일, 약속했지만 귀찮거나 마음이 달라졌더라도 약속이기에 지키려는 의지, 내 뜻과 맞지 않아 속상하지만 참고 친절하게 표현하는 마음가짐, 나 혼자 모두 가지고 싶지만 친구와 나누고 양보하려는 노력. 이것은 모두 자기 조절에서 나오는 행동이다. 이러한 능력은 부모의 올바른 지도로 키울 수 있다. 그러기 위해선 다음의 원칙을 지켜야 한다.

첫째, 옳고 그름을 유아기 때부터 명확히 가르친다. 형제끼리 놀다가 다툼이 생겼을 때, 엄마가 가장 많이 하는 말이 있다.

"동생은 어리잖아. 동생이 몰라서 그런 거니까 형이 참아."

아직 어리니까, 모르니까 참아야 한다는 말에 형은 억울하다. 잘못된 행동도 동생에게는 허용된다는 사실에 형은 혼란스럽다. 어리면 잘못된 행동도 용서가 된다는 것은, 옳고 그름의 판단력을 흐리게 만든다.

그러므로 동생이 형의 물건을 빼앗으면, 어리더라도 "안 돼, 남의 물건은 빼앗으면 나쁜 일이야." 하고 가르쳐야 한다. 물론 가르친다고 단번에 달라지지는 않는다. 그러나 부모의 명확한 가르침은, 어린아이일지라도 기억에 자연스럽게 스며들어 행동의 변화를 끌어낸다.

둘째, 가르침은 단호해야 한다. 마트에 가면 바닥을 뒹굴며 우는 아이를 종종 본다. 갖고 싶은 물건은 떼를 써서라도 얻고자 한다. 절제가 없는 아이들의 일반적인 모습이다. 하늘의 별도 따주고 싶은 것이 부모 마음이지만, 아이의 자기 절제를 위해서는 "안 돼."라고 단호하게 말할 수 있어야 한다.

"오늘은 장난감을 사주기로 약속하지 않았어. 무조건 사달라고 떼를 쓴다고 사줄 수 없어."

이렇게 단호하게 말하며 아이의 떼가 그칠 때까지 기다려야 한다. 그렇게 해서 아이에게 '이렇게 떼를 써도 성공하지 못한다.'라는 인식을 심어줘야 한다. 이와 달리 아이의 잘못된 행동을 고치고자 소리 지르고 야단쳐서 행동을 멈추게 할 수도 있다. 그러나 무서운 훈육은 자신의 잘못을 반성하기보다 부모에 대한 두려움만 키우게 된다.

무섭게 화를 내는 것은 단호함이 아니다. 단호함은 아이가 잊은 것을 되새겨주려는 노력이다. 또한, 아이가 스스로 조절할 때까지 기다려주는 태도이다.

현상이 엄마처럼 무섭게 화내고 매를 든다고 아이의 행동이 달라지진 않는다. 그렇다고 '크면 좋아지겠지' 하는 무한한 허용도 아이의 행동 변화를 기대하기 어렵다. 잘못된 부분을 가르쳐 아이가 절제력을 갖도록 부모가 단호히 대처해야 한다.

셋째, 칭찬과 격려를 한다. 유치원에서는 약속을 잘 지킨 아이들에게 스티커로 보상 활동을 한다. 가끔 보상 활동에 대해 우려를 나타내는 부모가 있다. 보상이 따르지 않으면 스스로 하지 않는다거나, 약속을 제안하면 대뜸 "그럼, 뭐 줄 건데?" 하면서 보상부터 요구하는 아이가 될까 염려한다.

일리 있는 걱정이다. 그렇지만 어른들도 스스로 절제하여 노력하는 일이 쉽지 않다. 더더욱 절제력이 부족한 아이에게 아무런 동기 없이 참으라는 것은 힘든 일이다. 비록 보상이 있기는 했지만, '노력해 얻은 결과'는 아이에게 자부심을 심어준다.

다섯 살 주훈이는 친구를 자주 때렸다. 엄마는 주훈이와 약속했다.

"오늘 친구를 때리지 않으면 스티커를 하나 줄 거야. 스티커를 열 개 모으면 주훈이가 가지고 싶은 장난감을 사줄게."

주훈이는 약속을 정한 후에도 몇 차례 친구를 때렸고, 스티커를

다섯째마당

받지 못했다. 하지만 딱 보름 만에 원하는 장난감을 얻을 수 있었다.

친구를 때리지 않은 날, 주훈이는 집으로 들어서며 "엄마, 나 오늘 친구 안 때렸어." 하며 자랑했다. 매일 친구를 때렸다는 선생님 전화가 무섭기까지 했던 엄마는 주훈이의 외침이 눈물 날 정도로 반가웠다.

이처럼 적절한 '보상 활동'은 아이의 절제력을 높여준다. 그러나 지나치면 아이는 보상만 바라게 된다. 그러므로 부모가 중심을 잡고 자녀의 상황에 맞도록 적절하게 활용해야 한다.

일방적인 희생을 멈춰라

　현우를 태운 유모차가 유치원 현관 앞에 멈췄다. 현우가 유모차에서 내리면 엄마가 현관문을 열어줬다. 그리고 현우의 신발을 벗겨 신발장에 넣고, 실내화를 꺼내어 신겨줬다. 현우 엄마가 매일 아침 하는 일이다.

　현우는 여섯 살임에도 스스로 하는 것이 없었다. 집에 가야 하니 가방을 메자고 하면 가방이 무거워서 멜 수 없다고 했다. 가방 안에는 빈 도시락과 원아 수첩밖에 없는데도 그랬다. 심지어 숟가락으로 밥을 뜨는 것조차 힘들어했다.

　"현우가 할 수 있는 것은 스스로 해야 하는 거야."

　"난 못해요."

선생님의 지도에 현우는 번번이 고개를 저었다. 처음에는 현우가 유치원이 낯선 탓인가 싶었다. 하지만 며칠이 지난 후에도 여전했다. 현우는 눈 맞춤도 제대로 못했다. 의사 전달도 안 되고, 뒤뚱대는 걸음새도 불안했다. 발달지연이 아닐까 의심됐다.

현우 엄마와 상담 자리를 가졌다. 현우 엄마는, 현우는 4대 독자이며 네 살이 될 때까지 흙 한 번 밟게 하지 않고 키웠다고 했다. 가정에서 현우는 받기만 했다. 가족들이 일거수일투족을 대신해줬다. 그러다 보니 유치원에 다니는 순간부터 어려움을 마주하게 된 것이다.

현우는 선생님이 자기의 일을 대신해주지 않아 속상해했다. 현우 엄마는 전화로 현우가 유치원이 끝나고 나면 풀어놓는 불만을 전했다. 현우 엄마는 선생님들이 현우에게 맞춰주기를 바랐다. 그러나 유치원에는 현우만 있는 것이 아니다. 현우처럼 아이들 모두 가정에서 귀한 존재이다.

초등학교 저학년까지는 아이 스스로 자신의 주변을 관리하기 어렵다. 따라서 엄마의 관심과 노력이 필요하다. 그러나 스스로 할 수 있는 것마저 엄마가 대신해주면, 아이는 성장을 멈춘다.

"엄마, 양말."
"엄마, 내 장난감."
"엄마, 가방은 어딨어?"

이렇듯 아이는 자신이 해야 할 모든 일을 엄마에게 물어본다. 엄마는 '아이가 어느 정도 크면 스스로 하겠지.'라고 생각하지만, 그렇지 않다. 스스로 챙기는 연습을 하지 않으면 커서도 못한다.

그런데도 많은 엄마가 자녀의 일을 대신 해주는 역할을 자청한다. 하지만 아이는 이런 엄마의 수고를 고마워하지 않는다. '당연히 내 일을 대신 해주는 사람' 정도로 인식한다. 엄마의 행동에 고마움을 느끼지 못하고, 엄마를 존중하지도 않는다.

그런데 엄마도 사람인지라 아이의 일을 해주면서도 지치면 불쑥불쑥 화가 난다. 그래서 "너는 몇 살인데 아직도 엄마가 해줘야 하니?"라며 야단친다. 그러면 아이는 미안한 마음이 들어야 정상이다. 그러나 아이는 '엄마가 오늘 왜 저러지?' 하는 반응을 보인다. 엄마의 수고를 당연한 것으로 여기기 때문이다.

세상에 막 태어난 아이는 아무것도 모른다. 그러므로 하얀 백지 위에 부모가 어떤 그림을 그려주느냐에 따라 아이의 능력이 자란다. 그런데 아이의 일을 대신 해주고 아이의 잘못된 행동까지도 모두 허용하면 아이는 백지상태로 자라게 된다.

현우는 이미 가족이 대신 해주는 일에 익숙하다. 따라서 스스로 하는 일에 버거움을 느낀다. 그럼 백지상태로 자란 현우에게 어떤 그림을 그려줘야 할까? 먼저, 부담스럽지 않은 일을 스스로 하게 해서 나도 할 수 있다는 인식을 심어줘야 한다. 그리고 칭찬과 격려로 내적 동기를 키워줘야 한다.

"신발을 혼자 벗을 수 있겠니? 조금만 도와줄까?"
"숟가락은 이렇게 잡고 밥을 이렇게 뜨는 거야. 해볼 수 있겠어?"
"와~ 잘하는구나. 밥을 흘리지 않았어."
"너 혼자만 장난감을 가지고 놀면 친구들이 너를 싫어할 수 있어. 나눠줘야 너랑 노는 것이 즐겁대. 나누어줄 수 있겠니?"
"내일은 견학 간대. 준비물이 무엇이 있었지? 미리 챙겨놔야 할 것 같아. 그래야 내일 잊지 않을 테니까."
"내일 날씨는 어떨까? 무슨 옷을 입을까?"
"우리 장난감은 어디에 두어야 잊지 않고 잘 찾을 수 있을까? 그럼 거기에 정리해볼까?"

이렇게 아이의 일은 아이가 할 수 있도록 친절하게 설명하고, 스스로 할 수 있도록 기회를 줘야 한다. 그리고 칭찬과 격려로 아이가 뿌듯함을 느끼도록 해야 한다. 이러한 경험이 쌓이면 아이는 말하게 될 것이다.

"엄마가 말하지 않아도 내가 할 수 있어."

요즘 "꽃길만 걷게 해줄게."라는 말이 유행이다. 조금의 어려움도 없이 살게 해주고 싶다는 뜻이다. 이는 자식을 향한 부모의 마음이기도 하다. 그러나 몸을 편안하게 해주는 것은 꽃길을 걷게 해주는 것이 아니다. 자신이 하는 일의 의미를 깨닫고 행복을 느끼게 해주는 것, 그것이 바로 꽃길만 걷게 해주는 것이다.

우리 아이가 행복하게 성장하길 바란다면, 모든 것을 대신해주는 실수를 범하지 말아야 한다. 또한, 부모의 일방적 희생으로 아이의 능력을 축소하지 말아야 한다. 무능한 아이는 행복을 느낄 수 없다. 아이에게 꽃길을 보여주고 싶다면, 아이 스스로 꽃길을 향해 걸어갈 힘을 길러줘야 한다.

아이의 기질 이해하기

따뜻한 봄날의 첫 나들이 소풍이다.

소풍하면 생각나는 엄마의 김밥. 반별로 동그랗게 앉아 엄마가 싸주신 도시락을 풀어 놓고 먹을거리 자랑으로 이야기꽃이 핀다.

"원장님 이거 먹어요."

"고마워, 정말 맛있다"

희준이가 김밥을 하나 꺼내 내게 내민다. 나의 고맙다는 반응에 아이들은 너도나도 자신의 김밥을 내 입에 넣어 주기 바쁘다. 나는 방금 손바닥으로 콧물을 쓰~윽 닦은 손으로 집어 주는 김밥도 맛있게 먹었다.

그런데 소율이가 다른 친구들이 나에게 김밥을 다 줄 때까지도 김밥 하나를 손에 쥐고 만지작거리기만 한다. 그리고 나와 눈이 마주치자 고개를 돌려버린다.

"이거 원장님 주려고?" 했더니 고개만 끄덕끄덕한다. 아이의 손을 잡아 내 입속에 김밥을 넣고 "어유~~ 맛있어라, 소율이 김밥이 최고다." 했더니 부끄럽게 웃는다. 아이의 손에서 짠맛이 밴 김밥이었지만 내성적이고 부끄러워하는 아이가 용기 내어 준 김밥이라 행복했다.

인간은 누구나 자신만의 '기질'을 가지고 태어난다. 기질은 인간이 가지고 태어나는 생물학적 반응양식이다. 기질은 변하지 않는다고 하지만, 꼭 그렇지는 않다. 1950년대 미국의 체스(Chess)와 토마스(Thomas) 박사의 기질 연구를 보면, "부모의 양육 방법에 따라 기질 변화를 기대할 수 있다."

그렇다면 아이의 기질 변화를 유도하는 양육 방법은 무엇일까. 다른 건 몰라도, 아이의 기질을 무시한 채 "너도 가서 말해봐. 왜 못하니?" 같은 자신의 기질과 다른 행동을 하도록 강요하는 방법은 절대로 아닐 것이다.

기질은 좋고 나쁨이 없다. 모든 기질은 장단점이 있다. 부모는 아이의 장단점을 잘 파악할 수 있다. 문제는 장점보다 단점만을 보려한다는 점이다. 부모가 단점을 끄집어내 고치려 하기 때문에 아이는 자신의 장점보다 단점을 먼저 인지하고 자존감이 낮아진다.

아이의 단점만 보는 부모는 성격이 밝고 활동적이고 새로운 환경에 적응을 잘하는 아이에게 '산만하고 겁이 없다'고 말한다. 차분하고 조심성이 있는 아이에게 '예민하고 겁이 많다'고 말한다. 규칙을 잘 지키고 정해진 틀 안에서 약속을 잘 지키는 아이에게 '융통성이 없다'고 말한다. 타인의 요구에 반응을 잘하는 따뜻한 마음의 아이에게 '바보같이 끌려다닌다'며 나무란다.

이렇게 기질은 어떤 방향으로 보느냐에 따라 장점이 되기도 단점이 되기도 한다. 그럼에도 부모는 단점만 보며 지시와 명령, 그리고 훈계와 잔소리로 고치려 한다. 그러나 쉽게 바뀌지 않는 기질을 고치느라 자녀와의 관계만 어긋나고 만다.

호준이는 처음 유치원에 왔을 때부터 마치 몇 년을 다녔던 양 모든 선생님께 아는 척을 하는 넉살 좋은 아이였다. 호준이는 친구들과 어울리는 것을 좋아했다. 특이한 제스처로 친구들에게 웃음을 주기도 했다.

하지만 호준이에게도 문제는 있었다. 호준이는 차례 지키기를 어려워했다. 호준이는 자신이 질 것 같은 상황이 되면 갑자기 게임의 룰을 바꿨고, 뜻대로 되지 않으면 크게 화를 내기도 했다. 또한 급한 성격 때문에 한 가지 일을 차분하게 해내지 못했다. 집중 시간도 짧았다. 그래서 관심 없는 활동이 이어지면 자리에 눕거나 옆의 친구와 장난을 걸어 수업에 지장을 줬다.

유치원 생활을 상담하는 기간에 호준이 어머니와 상담을 했다. 호준 엄마는 조용하고 차분했다. 다른 사람의 이야기를 듣기보다 자기 말을 주로 하는 호준이와는 다른 모습이었다.

나는 호준 엄마에게 호준이는 친구들과 잘 어울리고 인기도 많은 편이라고 전했다. 그러나 집중력과 수업 자세에 큰 문제가 있는 것은 아니지만 다소 교정이 필요하니 함께 노력하자고 말했다. 호준 엄마는 한숨을 쉬며 호준이 때문에 너무 힘들다고 털어놓았다.

호준이는 어릴 때부터 호기심이 많아 가만히 있지를 못했다. 여기저기 돌아다니고 부딪히고 다치는 일이 잦았다. 이런 행동 때문에 호준이는 아빠에게 자주 혼났다. 호준 엄마는 주의력결핍과잉행동장애(ADHD) 상담 치료까지 생각하고 있었다. 그러나 선생님의 생각은 달랐다. 호준이를 다른 아이보다 조금 더 활발한 성향의 아이로 파악하고 있었다.

소율이와 호준이 사례처럼, 부모는 자녀의 기질을 이해하기보다는 문제로 여기는 경우가 많다. 자녀를 천재로 키운 아인슈타인 어머니의 예를 보자.

천재 물리학자 아인슈타인은 어린 시절 의사 표현을 제대로 못하는 내성적인 아이였다. 학교 선생님에게 "성공할 확률이 희박하다"는 평을 들으며 거의 매일 야단맞았다.

그러나 어머니는 어린 아인슈타인을 혼내지 않았다. 오히려 따뜻

다섯째 마당

하게 감싸주었다.

"얘야 걱정하지 마라. 너는 다른 사람이 가지고 있지 않은 좋은 소질을 가지고 있어. 너는 반드시 훌륭한 사람이 될 거야."

어머니는 칭찬과 긍정적인 말로 아인슈타인을 응원하고 격려했다. 조급함을 버리고 자신감과 용기를 불어 넣어주었던 셈이다. 아인슈타인은 어머니의 노력으로 내성적인 성격을 장점으로 삼아 성공할 수 있었다.

타고난 기질은 완전히 다르게 바꿀 수 없다. 그러나 자녀를 바라보는 부모의 이해와 그에 따른 적절한 교육은 아이의 기질 변화를 이끌 수 있다.

차분한 성향의 부모가 조용한 활동을 좋아하듯이, 활동적이고 장난기 많은 아이는 활발한 놀이를 좋아한다. 부모가 자녀의 그런 기질을 알아보지 못하면 서로의 관계 형성이 어려워진다.

선생님과 부모는 자신이 바라는 성향을 기준으로 아이를 평가한다. 이러한 기준에 벗어나는 행동을 하는 아이는 지적과 훈계를 듣게된다. 그러나 아이는 타고난 지질에 따라 행동했을 뿐이다. 그런데도 지적하고 나무라면, 아이는 자존감이 낮아지고, 의욕이 꺾인다.

앞서 말했듯이 부모의 역할은, 장단점을 가지고 있는 기질에서 장점을 살릴 수 있도록 끄집어내는 것이다. 그러기 위해서는 장점을 적극적으로 칭찬해야 한다. 물론 단점이 되는 기질까지 칭찬하라는 뜻은 아니다.

"소율이가 선생님께 김밥을 나누어주고 싶은 따뜻한 마음을 가졌구나."

"호준이는 용기가 많고 활동적이야. 운동을 잘할 것 같구나."

이렇게 먼저, 타고난 아이의 기질을 인정하고 이해해야 한다.

"하지만 소율이가 주고 싶은 마음을 말하지 않으면 알 수 없단다. 조금씩 용기를 가져보자. 말로 하기 어렵다면 어떻게 하는 것이 좋을까?"

"선생님과 친구들이 수업하는데, 호준이가 눕거나 장난을 치면 어떻게 될까?"

그리고 기질의 반응 양식이 지나쳐 나타나는 문제를 아이가 알게 도와야 한다. 또한, 기질이 어디까지 허용되는지 그 한계를 알려주고 이를 통해 스스로 노력하여 다스릴 수 있도록 해야 한다.

부모가 아이의 기질을 이해하고 한계를 정해준다고 해서 행동이 금세 달라지진 않는다. 하지만 부모가 아이의 기질을 인정하고 격려

다섯째마당

하면, 아이의 자존감은 높아진다. 또 노력하면 달라질 것이라는 기대를 하고 포기하지 않는다.

엄마의
행복어 사전